Team Toppings

21 Lernhacks für agiles Arbeiten

Team Toppings

21 Lernhacks für agiles Arbeiten

von

Franziska Schleuter
Patrick Schuder
Jan Schönfeld
Thomas Tillmann

Verlag Franz Vahlen München

vahlen.de
ISBN Print: 978 3 8006 7193 9
ISBN E-Book: 978 3 8006 7194 6

Druck und Bindung: Westermann Druck Zwickau GmbH,
Crimmitschauer Straße 43, 08058 Zwickau
Produktion: Sieveking Agentur, München
Satz: Paula Pomer, MaibornWolff & Eva Afifah, Lernhacks
Umschlaggestaltung: Paula Pomer, Eva Afifah

chbeck.de/nachhaltig

Gedruckt auf säurefreiem, alterungsbeständigem Papier
(hergestellt aus chlorfrei gebleichtem Zellstoff)

Für unsere Familien

Inhalt

Die Team Toppings 60

Vorwort

Was mit einem interessanten fachlichen Austausch zwischen zwei sehr ungleichen Unternehmen – zum einen MaibornWolff, zum anderen Lernhacks – begann, ist schließlich ein Buch geworden. Als Autorenteam haben wir zusammengefunden, als wir die Erfahrungen mit Ansätzen zum selbstgesteuerten Lernen in Teams aus den beiden unterschiedlichen Perspektiven zusammenbringen wollten: die praktischen Erfahrungen, die MaibornWolff als Software- und Technologieunternehmen mit dem Lernen im Arbeitsalltag von agilen Teams sammelt, und die Ideen von Lernhacks als Beratung und Agentur für Lerninnovationen. Aus diesem Austausch ist wechselseitige Neugier geworden und schließlich die Idee erwachsen, die jeweiligen Perspektiven und Expertisen zusammenzubringen, um etwas gänzlich Neues zu entwickeln.

Wir haben dabei selbst noch einmal erlebt, welche Kraft crossfunktionalen Teams innewohnt und wie groß die Lernchancen ausfallen, die unserer Arbeit inhärent sind, wenn wir Berufe als Professionen verstehen, Arbeitsweisen hinterfragen und darum ringen, professionelle Standards kontinuierlich weiterzuentwickeln.

Damit aus diesen Ideen aber tatsächlich ein Buch werden konnte, bedurfte es vieler weiterer Personen. Ganz besonders möchten wir Paula Pomer und Eva Afifah für das Layout und Dennis Brunotte für die Begleitung als kritischer Lektor danken.

Team Toppings

– im Team lernen

Der Aufstieg der Teamarbeit

Von und mit anderen sowie gemeinsam:
Lernen im Team wird für den Erfolg ebenso wichtig werden.

Wir arbeiten mit anderen:
Teamarbeit spielt heute mehr denn je eine entscheidende Rolle für den Erfolg von Organisationen.

Der Wandel unserer Arbeitswelt vollzieht sich unaufhaltsam und mit immer größerer Dynamik. Ein entscheidender Faktor dafür ist die fortschreitende Digitalisierung und Technologisierung. Durch den Einsatz digitaler Tools und Plattformen ist es heute einfacher, Informationen und Ressourcen zu teilen und in Echtzeit zu kommunizieren. Arbeit wird über geografische und analoge Grenzen hinweg ermöglicht. Diese Grenzenlosigkeit hat auch zur Folge, dass in einer globalen Ökonomie an der Schwelle zur fünften industriellen Revolution, in der maschinelles Lernen KI-gestützter Software, Augmented Reality oder autonomes Fahren Realität sind, auch die Veränderungsgeschwindigkeit der Branchen und Unternehmen rasant zunimmt.

Dies führt nicht zuletzt dazu, dass auch die Arbeit selbst herausfordernder wird. Um komplexe Probleme zu lösen und innovative Ideen zu entwickeln, ist eine Vielzahl von Fähigkeiten erforderlich. Einzelne Mitarbeitende können diese Ansprüche überfordern, doch die Arbeit in Teams bietet die Möglichkeit, Experten aus verschiedenen Fachbereichen, unterschiedlichen Erfahrungen und Kompetenzen zusammenzubringen und ihre Stärken so zu kombinieren, dass sie erfolgreich zusammenarbeiten.

Deshalb setzt heute die überwiegende Anzahl von Unternehmen auf teambasierte Organisationsstrukturen, weil sie verstanden haben, dass Teams effektiver auf komplexe Herausforderungen reagieren, kreative Lösungen entwickeln und die Produktivität steigern können.[1]

Teamarbeit. (Nicht) immer und überall.

Teamarbeit ist besonders dann vorteilhaft, wenn komplexe Probleme gelöst werden müssen. Durch die Zusammenarbeit mehrerer Menschen mit unterschiedlichen Fachkenntnissen und Perspektiven können Teams effektive Lösungen entwickeln. Indem sie ihre individuellen Stärken einbringen, werden Aufgaben effizienter bewältigt.

Allerdings ist Teamarbeit nicht immer erforderlich. Bei einfachen oder standardisierten Aufgaben, die keine weiteren Fachkenntnisse oder Perspektiven erfordern, kann eine Einzelperson oft effizienter arbeiten. Auch bei zeitkritischen Entscheidungen kann es zielführender sein, dass eine Person schnell handelt, ohne auf die Zuarbeit und Zustimmung des gesamten Teams warten zu müssen.

Zudem kann bei Aufgaben, die hohe Vertraulichkeit oder Sensibilität erfordern, eine Einzelperson mit den entsprechenden Sicherheitsmaßnahmen besser geeignet sein, um die Aufgabe zu erledigen.[2] Wenn Ziele, Rollen und Prioritäten unklar sind, kann Teamarbeit zu Verwirrung führen. Es ist daher wichtig, dass klare Richtlinien und Zielsetzungen vorliegen, um eine erfolgreiche Zusammenarbeit zu gewährleisten.

Teamarbeit. Ein Erfolgsmodell

Wir verstehen in diesem Buch ein „Team" als eine Gruppe von Personen, die kooperativ an einem gemeinsamen Ziel arbeiten und dabei ihre individuellen Fähigkeiten und Ressourcen einsetzen. Traditionell betrachtet wurde ein Team oft als eine Gruppe von Personen verstanden, die in einer hierarchischen Struktur organisiert sind, wobei jedes einzelne Mitglied spezifische Aufgaben und Verantwortlichkeiten hatte. Dieser klassische Ansatz betont die Effizienz und Disziplin, um die gewünschten Ergebnisse zu erzielen, und weniger die gemeinsame Zielerreichung.

Im Zuge der zunehmenden Komplexität und Dynamik moderner Arbeitsumgebungen haben sich jedoch auch weitere Teamansätze entwickelt. Agile Teams sind ein Beispiel dafür. Hier stehen Flexibilität, Kollaboration und Anpassungsfähigkeit im Vordergrund. Diese Teams arbeiten in kurzen Iterationen und passen ihre Vorgehensweise kontinuierlich an die sich ändernden Anforderungen an. Agile Teams ermöglichen eine schnellere Reaktion auf Veränderungen und fördern Innovation und Kreativität.

Unser Blick auf Teamarbeit schließt auch die sogenannten interdisziplinären Teams ein. Diese Teams bestehen aus Mitgliedern unterschiedlicher Fähigkeiten einer Organisation und werden häufig dann zusammengestellt, wenn Projekte realisiert werden sollen, die mehrere Abteilungen betreffen bzw. es notwendig machen, dass verschiedene Perspektiven und Kompetenzen eingebracht werden.

Virtuelle Teams, bei denen die Mitglieder an verschiedenen Orten arbeiten und mithilfe digitaler Kommunikationstools zusammenarbeiten, gewinnen an Bedeutung. Diese Teams stellen besondere Anforderungen an die Koordination und den Aufbau von Vertrauen.

Unabhängig davon, welche Organisationsstruktur man bei einem Team bevorzugt, lassen sich bestimmte Merkmale ausmachen, die in allen Teams gleich sind bzw. sein sollten: Dazu gehören Vertrauen, Kommunikation und ein gemeinsames Verständnis der Ziele und Werte. Ein erfolgreiches Team zeichnet sich auch durch die Fähigkeit aus, Konflikte konstruktiv zu lösen. In den vergangenen Jahren gelangten wir diesbezüglich zu einer Reihe von Learnings:

- **Kommunikation auf den Punkt.** Indem wir offen und transparent miteinander kommunizieren, schaffen wir eine gemeinsame Basis für effektive Zusammenarbeit. Der regelmäßige Austausch von Ideen, Meinungen und Feedback fördert die Zusammenarbeit und ermöglicht uns, gemeinsam bessere Lösungen zu finden.
- **Vertrauen hält ein Team zusammen.** Wenn wir uns aufeinander verlassen können und Vertrauen in die Fähigkeiten und das Engagement der Teammitglieder haben, entsteht eine positive und produktive Arbeitsatmosphäre. Sie ermöglicht, unsere individuellen Stärken und Fähigkeiten voll einzubringen und gemeinsam unser ganzes Potenzial auszuschöpfen.
- **Jeder Mensch entwickelt sich weiter.** Indem wir offen für neue Perspektiven und Ideen sind, können wir innovativ denken und kreative Lösungen entwickeln.
- **Konflikte sind in einem Team unvermeidlich, wir wissen aber auch, dass sie eine wirksame Möglichkeit zur Weiterentwicklung darstellen.** Indem wir Konflikte konstruktiv angehen und nach Lösungen suchen, können wir unsere Teamdynamik verbessern und das Vertrauen untereinander stärken. Konflikte können auch zu neuen Erkenntnissen führen und uns helfen, besser zu verstehen, wie wir als Team noch effektiver zusammenarbeiten können.
- **Teams geben Sicherheit.** Teams bieten psychologische Sicherheit und ermöglichen ein offenes, vertrauensvolles Arbeitsumfeld, in dem Teammitglieder ohne Angst vor negativen Konsequenzen Ideen teilen, Konflikte konstruktiv angehen und letztlich zu einer effektiveren Zusammenarbeit beitragen können. Diese Sicherheit ist es, die uns alle in Teams zu guten Kolleginnen und Kollegen macht sowie unsere Leistungen steigert.

Letztendlich geht es in einem Team darum, ein gemeinsames Ziel zu verfolgen. Indem jedes Teammitglied individuelle Fähigkeiten und Ressourcen einbringt, kann ein Team die gemeinsame Arbeit auf das nächste Level bringen.[3]

Die Kombination der individuellen Arbeiten für das Team ist mehr als die Summe der einzelnen Tätigkeiten.

Lernen. Abseits klassischer Formate

In ähnlich fundamentaler Weise, wie sich seit einigen Jahren die Arbeitswelt (rasant) verändert, ergeben sich auch vielfältigere und neue Weisen zu lernen. Das liegt vor allem daran, dass die Dynamik der sich verändernden Arbeitswelt und der damit multipler werdenden Anforderungen an einzelne Mitarbeitende und Teams es notwendig machen, dass immer mehr und intensiver gelernt wird.

In dieser neuen Perspektive ist Lernen wesentlich individueller organisiert, nutzt alle Möglichkeiten digitaler, auch KI-gestützter Inhalte und Tools und setzt auf Eigenverantwortung und Selbststeuerung.

Abseits der klassischen Lernformate – Tagesseminare, Onlinekurse und Web-Based Trainings, bite-sized learning nuggets und performance support, um nur einige formelle Lernweisen zu nennen – entfaltet sich ein Trend zum agilen, selbstorganisierten Lernen als Teil einer für die Zukunftsfähigkeit von Mitarbeitenden und Organisationen relevanten Lernkultur. Dieses Buch versteht sich als ein Teil dieses Trends, denn es zeigt auf, wie durch niedrigschwellige Tools und Inspiration das Potenzial dieser Entwicklung pragmatisch im eigenen Team gehoben werden kann. Mithilfe der Tools in diesem Buch ist es möglich, das Potenzial typischer Herausforderungen der täglichen Arbeit zum Lernen zu erkennen — und direkt in der Arbeit damit zu beginnen, diese Chancen zu nutzen und gemeinsam zu lernen.

New Learning, Learning 4.0, Agile Learning. Ist das nicht alles das Gleiche?

„New Learning"

bezieht sich auf innovative Ansätze und Technologien, die traditionelle Lernmethoden ergänzen oder ersetzen. Es basiert auf dem Einsatz digitaler Medien und Technologien, um personalisiertes, interaktives und zeitsowie ortsunabhängiges Lernen zu ermöglichen. Dabei werden oft Lernplattformen, virtuelle Klassenräume, Online-Kurse und andere digitale Ressourcen genutzt. Das Ziel von „New Learning" ist, den Lernenden neue Möglichkeiten zu bieten, ihr Wissen selbstständig zu erwerben und zu erweitern.[4]

„Lernen 4.0"

ist ein Konzept, das eng mit der Industrie 4.0 und dem digitalen Wandel verbunden ist. Es bezieht sich auf die Integration neuer Technologien in den Lernprozess wie Künstliche Intelligenz, Big Data, Virtual Reality und Augmented Reality. Durch den Einsatz dieser Technologien können Lernende individualisierte Lernpfade wählen und ihr Lernen aktiv anhand von Echtzeitdaten steuern. „Lernen 4.0" zielt darauf ab, die Effizienz und Wirksamkeit des Lernens zu verbessern und eine stärkere Anpassungsfähigkeit an sich ändernde Anforderungen in der Arbeitswelt zu ermöglichen.

„Agiles Lernen"

geht einen Schritt weiter und vereint die Ideen von „New Learning" und „Lernen 4.0". Es ist ein flexibler und anpassungsfähiger Ansatz des Lernens, der auf den Prinzipien agiler Methoden basiert. Beim agilen Lernen steht die kontinuierliche Verbesserung im Vordergrund. Es geht darum, Lernprozesse dynamisch anzupassen und auf veränderte Bedingungen und Anforderungen einzugehen. Es fördert die Eigenverantwortung, die Zusammenarbeit und den kollaborativen Austausch zwischen den Lernenden. Dabei werden oft agile Werkzeuge wie Scrum, Kanban oder Design Thinking eingesetzt, um den Lernprozess zu strukturieren und zu organisieren. Agiles Lernen fördert eine lebenslange Lernhaltung und bereitet die Lernenden auf die Anforderungen einer sich ständig verändernden Welt vor.[5]

Team, Agilität, Lernen. Das gehört zusammen

Teamarbeit und gemeinsames Lernen sind untrennbar miteinander verbunden. Insbesondere in agilen Arbeitsumgebungen erlangen diese Aspekte eine noch größere Bedeutung.

Agiles Arbeiten basiert auf der Idee, dass Teams flexibel und anpassungsfähig sind, um schnell auf Veränderungen reagieren zu können. In diesem Umfeld geht es nicht mehr nur darum, individuelle Fähigkeiten und Expertisen einzusetzen, sondern Synergien innerhalb des Teams zu schaffen. Durch die Zusammenarbeit und den Austausch von Wissen und Erfahrungen können Teammitglieder voneinander lernen und ihre Fähigkeiten weiterentwickeln. Ein kontinuierlicher Austausch und Zusammenarbeit unterstützen zudem dabei, neben individuellen Kenntnissen auch ein gemeinsames Wissensfundament entstehen zu lassen, auf das das gesamte Team zurückgreifen kann.

Agile Teams arbeiten in kurzen Zyklen und nutzen regelmäßige Feedbackschleifen, um ihre Arbeitsweise anzupassen und zu optimieren. Diese Struktur ist gleichermaßen auch für das Lernen nützlich.

In einer Zeit, in der sich die Arbeitswelt und das Lernen rasant verändern, ist es schlicht unerlässlich, Teamarbeit und Teamlernen als untrennbare Elemente eines Prozesses zu betrachten.

Indem Wissen geteilt, Feedback gegeben und iterative Lernprozesse etabliert werden, können agile Teams ihre Leistungsfähigkeit steigern und sich erfolgreich den Herausforderungen der modernen Arbeitswelt stellen. Denkt man diese Entwicklung konsequent zu Ende, zeichnet sich ein immer klareres Bild dessen ab, worauf wir zukünftig bei der Organisation der Arbeit und des Lernens fokussieren werden, nämlich auf die bewusste Gestaltung von Arbeit, die zielgerichtetes Lernen und kontinuierliche Weiterentwicklung durch die Arbeit selbst bestmöglich sicherzustellen versucht.[6]

Crafting learning-rich work

Die Weiterentwicklung des Lernens im beruflichen Kontext lässt sich als fortschreitender Prozess der Einswerdung von Arbeiten und Lernen beschreiben.

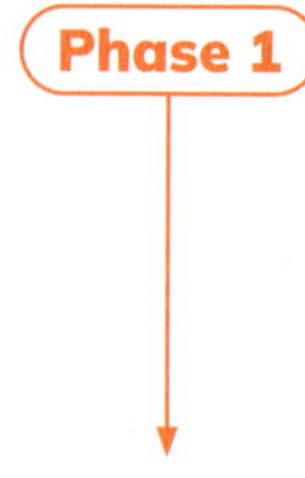

1. Traditionell wurden Arbeiten und Lernen weithin separiert, u. a. hinsichtlich der Zeiten und der Orte. Viele Elemente dieses Paradigmas prägen noch immer Learning & Development, z. B. die Trennung von Zuständigkeiten, Kennzahlen oder Budgets einerseits für die Arbeit und andererseits für das Lernen.

Phase 2

2. Mit den digitalen Möglichkeiten ging in den letzten Jahren die Miniaturisierung von Lerneinheiten („nuggets", „snackable learning content", „bite-sized learning impulses") einher, die ad hoc in den Arbeitsprozess integriert werden sollen, insbesondere um ein Lernen im Augenblick persönlich und situativ empfundener Relevanz zu ermöglichen („learning on demand"). Letztlich müssen wir uns eingestehen, dass die erhoffte Wirkung dessen bis dato weithin ausgeblieben ist und der Ansatz in der Realität zumeist darauf hinausläuft, in den ohnehin vollen Terminkalender zusätzlich Lernaktivitäten hineinquetschen zu wollen, die in aller Regel aufgrund der Priorisierung der „produktiven" Arbeit über die „unproduktiven" Lernaktivitäten am Ende doch wieder über Bord geworfen werden. Das Ergebnis sind häufig Frustration und ein Empfinden des eigenen Versagens – ein hochwirksames Gift gegen Selbstwirksamkeit und Entwicklungspotenziale.

Phase 3

3. Seit einiger Zeit steht ein neuer Ansatz im Raum, der stärker einzulösen verspricht, was immer wieder gefordert und dennoch bislang ausgeblieben ist: Lernen und Arbeiten unauflöslich zusammen zu denken – eine Vorstellung, die das der Arbeit inhärente Lernpotenzial zum Ausgang nimmt. „Lern-reiche" Arbeit entwickelt sich.[7]

Crafting learning-rich work ist die bewusste Gestaltung von Arbeit mit der Intention, zielgerichtetes Lernen und kontinuierliche Weiterentwicklung durch die Arbeit selbst bestmöglich sicherzustellen.

Insofern die Freiheitsgrade zur konkreten Ausgestaltung der eigenen Rolle für viele Mitarbeitende immer weiter steigen (und damit auch selbst zur Herausforderung werden), weist das „Crafting" darauf hin, dass diese Gestaltung von learning-rich work nicht zuletzt durch Mitarbeitende und vor allem ganze Teams selbst erfolgen wird, unterstützt durch Führungskräfte und Personalentwicklungsverantwortliche.

Die bewusste Mit-Gestaltung von learning-rich work wird zukünftig eine der wesentlichen Aufgaben heutiger Personalentwicklungsabteilungen sein.

Das PARIS-Modell für learning-rich work

In Weiterentwicklung des Modells von Parker/Fisher schlagen wir ein Framework für learning-rich work mit fünf Dimensionen vor, aus denen sich das Akronym PARIS ergibt:

Wir haben das PARIS-Modell entwickelt, um

- Rollen, Tätigkeiten und Arbeitsumgebungen im Hinblick auf den Grad der Ermöglichung von learning-rich work einzuordnen,
- die bewusste Weiterentwicklung von Rollen, Tätigkeiten und Arbeitsumgebungen zur Stärkung von learning-rich work anzuregen,
- Mitarbeiterinnen und Mitarbeiter und insbesondere ihre Führungskräfte für die Möglichkeiten und Chancen von learning-rich work zu sensibilisieren,
- die Einbeziehung der Gestaltung einer lernförderlichen Arbeit in die Learning-Strategie der Organisation zu unterstützen,
- Lernen in den Mittelpunkt nicht nur der Arbeit, sondern vieler betrieblicher Handlungsfelder zu rücken, bspw. Betriebliches Gesundheitsmanagement (BGM), Workforce Planning, Change, Agilität.

Zu jeder der fünf Dimensionen des Modells sollen nachfolgend beispielhafte Hebel sowie konkrete Praxisbeispiele dargestellt werden.

Klarheit zu eigener Rolle und ihren Anforderungen, Qualitätsmaßstäben und Qualität der geleisteten Arbeit; Verständnis der Relevanz des eigenen Beitrags

P – Professionell

Durch die tiefgreifende Veränderung der Arbeitswelt tritt die überkommene Zuordnung von Mitarbeiterinnen und Mitarbeitern zu einer überschaubaren Anzahl klar umrissener Berufsbilder zugunsten von diffuseren und fluideren Aufgaben und Rollenverständnissen zurück. Auf der Strecke bleibt dabei ein hohes Gut: Professionsverständnis. Professionen sind mehr als Berufsbilder; sie haben einen normativen Gehalt, indem sie auch Bekenntnis (lat. *professio*) zu Gruppen und zu den von ihnen hervorgebrachten und vertretenen Werten und Standards sind.

- Professionsverständnis und Auseinandersetzung mit anderen Professionen fördern
- Individuellen Lernplan entwickeln
- Eigene Leistungen, individuell und im Team, sichtbar machen
- Transparenz zum eigenen Wertbeitrag herstellen
- Kontinuerliche Verständigung über und Transparenz zu Qualitätsmaßstäben anregen
- Fehler reflektieren und aus ihnen lernen
- Transparenz zu Skill-Anforderungen sicherstellen und Reflexion eigener Kompetenzen anregen
- Feedback, insbesondere auch von Kunden / Partnern, erhalten und wertschätzen
- Wissen / Können / Erfahrungen weitergeben

Fallbeispiel

Mitarbeitende werden bewusst aufgefordert, sich in berufsständischen Verbänden, Netzwerken und Communities – auch über die Unternehmensgrenzen hinweg – zu engagieren und sich zu aktuellen Trends, Herausforderungen und Ansätzen auszutauschen.

In traditionellen Professionen (z. B. den Gewerken des Handwerks) haben sich so – neben aller Erstarrung – im Diskurs über Zulassung, Ausschluss, Bestrafung und Honorierung von Mitgliedern wertvolle Vorstellungen zum Sinnhorizont der eigenen Leistungen und zu angemessenen Qualitätsmaßstäben herausgebildet, die Mitarbeiterinnen und Mitarbeitern in weniger klar konturierten Berufsbildern heute oft fehlen.
In diesem Sinne bedeutet „professionell" die Stärkung von Klärungsprozessen zur eigenen Rolle und den eigenen sowie von Dritten entgegengebrachten Ansprüchen. Communities – unternehmens-intern und -extern – können eine Plattform für diese hilfreichen Verständigungs- und damit Lernprozesse bieten.

Vielfältige, anspruchsvolle, wechselnde und kognitiv anregende Tätigkeiten

A – Anregend

Erfolgreiches Lernen im Beruf bedeutet nicht, die Nutzung noch so gut gemachter Lernangebote in den ohnehin viel zu vollen Alltag zu pressen, um dem Lernen inmitten der Arbeit gerecht zu werden. Vielmehr muss es darum gehen, die Arbeit selbst als Modus des Lernens zu begreifen, also die Lernchancen zu ergreifen, die unserer Arbeit selbst inhärent sind.

- Breite Spanne von Tätigkeiten / Zuständigkeiten für alle sicherstellen
- Expertisen und Erfahrungen verankern
- Große Tiefe von Tätigkeiten / Zuständigkeiten für alle sicherstellen

- Lern-, Wissens-, Informationsressourcen zugänglich machen
- Komplexität von Aufgaben beibehalten und fördern
- Bei der Weiterentwicklung von Prozessen oder Produkten mitwirken

Fallbeispiel

In einem Callcenter für den technischen Support eines komplexen Produkts werden die Zuständigkeiten zwischen First- und Second-Level-Support neu verteilt: Mitarbeitende im First-Level-Support sollen bewusst auch weitergehende und komplexere Anfragen eigenständig betreuen / lösen, um hieran zu wachsen und sich weiterzuentwickeln.

Nicht alle Rollen bergen aber dieses Lernpotenzial in hinreichendem Maße. Deshalb ist es entscheidend sicherzustellen, dass alle Mitarbeiterinnen und Mitarbeitern vielfältige, anspruchsvolle, wechselnde und kognitiv anregende Tätigkeiten haben.

Wertschätzung des eigenen Beitrags, Reflexion der Grenzen eigener Belastbarkeit und Wahrung nachhaltig leistbarer Anforderungen und positiver Rahmenbedingungen

R – Respektvoll

Antrieb gelingender Weiterentwicklung ist zumeist nicht die Erkenntnis, wie defizitär der eigene Beitrag heute ist. Ausgangspunkt ist vielmehr die Wertschätzung des eigenen Beitrags – durch mich wie durch meine Umgebung. Respekt gegenüber allen Personen sowie ihren Leistungen und die Gestaltung positiver Rahmenbedin-

- Eigenen Arbeitsbeitrag sehen und reflektieren
- Inklusive Arbeitsatmosphäre gestalten
- Betriebliches Gesundheitsmanagement leben
- Rückmeldungen zum eigenen Arbeitsbeitrag erhalten

- Gerüchten, Tratsch und Ausgrenzung ächten
- Vermeidbare Stressfaktoren ausschließen
- Negativen Stress vermeiden
- Mentale Resilienz stärken
- Über Belastungsgrenzen sprechen können

Fallbeispiel

In einer Produktionsumgebung werden mit einem einfachen, haptischen System (Holztafeln in einem Koordinatensystem auf Holzhaken) die subjektiv empfundenen Stressoren und Belastungsgrenzen durch alle Mitarbeitende kontinuierlich sichtbar gemacht und im Team-Workshop diskutiert.

gungen ermöglichen ein persönliches Wachstum, das nachhaltig ist, wenn Mitarbeiterinnen und Mitarbeiter in dieser Entfaltung zugleich die Grenzen ihrer Belastbarkeit reflektieren und entsprechende Warnsignale – bei sich und anderen – erkennen und ernst nehmen.

Einbettung in ein soziales Gefüge und positive, bestärkende Interaktion

I – Interaktiv

Berufliches Lernen vollzieht sich in einem sozialen Gefüge und profitiert von positiver, bestärkender Interaktion. Darüber hinaus sind in der Komplexität heutiger Arbeitsprozesse Erfolge fast immer gemeinsame Erfolge, ermöglicht im Zusammenwirken vieler Akteurinnen und Akteure. Deshalb ist es entscheidend, auch die Weiterentwicklung von Mitarbeiterinnen und Mitarbeitern

- Teams als Nukleus von Performance stärken
- Feedback im Alltag leben und wertschätzen
- Purpose je Team ausprägen und gemeinsame Beiträge / Erfolge sichtbar machen
- Sich wechselseitig unterstützen
- Im Team gemeinsam lernen
- Wertschätzung füreinander deutlich machen

Fallbeispiel

In einem Vertriebsteam werden pragmatische Routinen zum gemeinsamen Lernen in den Team-Alltag integriert, z. B. Retrospektiven, „Museum of Failure"-Sammlung, One-Minute-Podcasts produziert von Mitarbeitenden.

im sozialen Gefüge von Teams und anderen Netzwerken zu verorten. Anstatt Einzelne als „beschulte Objekte" der Personalentwicklung zu begreifen („Die Personalentwicklung heißt Personalentwicklung, weil sie das Personal entwickelt"), werden Teams zu gestaltenden Subjekten ihrer zunehmend selbstgesteuerten Kompetenzerweiterung.

S

Hoher Grad der Entscheidungsfreiheit zur konkreten Ausgestaltung der eigenen Arbeit und kontinuierliche Verständigung über geeignete Vorgehensweisen

S – Selbstgesteuert

Die zunehmende Digitalisierung und Automatisierung von standardisierbaren Arbeitsabläufen überwindet in vielen Bereichen den Taylorismus von bis ins letzte Detail vorgegebenen Prozessen und Standards; Mitarbeiterinnen und Mitarbeiter gewinnen in vielen Bereichen so einen größeren Gestaltungsspielraum, der Chance für sinnerfüllende Arbeit ist, aber auch Belastung im Hinblick auf notwendige (ggf. weitreichende) Entscheidungen sein kann. Dieser Zugewinn an Selbststeuerungsmöglichkeit ist darüber hinaus auch für die Weiterentwicklung entscheidend: Wenn Lernen sich

- Unterstützung bei Job Crafting erfahren
- Transparenz zu Performance-Indikatoren herstellen und Ausprägung zielführender Vorgehensweisen fördern
- Anreize zur Übernahme von Verantwortung schaffen und Verantwortungsübernahme wertschätzen
- Freiheitsgrade und Leitplanken hinsichtlich der eigenen Arbeitsabläufe klären

- Agile Arbeits- und Organisationsweisen leben
- Fehlerkultur leben
- Routinen zur Verständigung über und Austausch von Vorgehensweisen verankern
- Learning / Growth Mindset stärken
- Führungshandeln entsprechend weiterentwickeln

Fallbeispiel

Mitarbeitende in den Zentralfunktionen eines Konzerns erhalten einen Online-Kurs und ein Tool-Kit, um ihre eigene Rolle bewusst selbst auszugestalten und im Stakeholder-Geflecht abzustimmen. Hierfür werden klare Leitplanken gesetzt, um Orientierung zu den Freiheitsgraden und Grenzen zu geben.

auf Verantwortungsübernahme und Selbststeuerung gründet und sich wesentlich durch das eigene Tun vollzieht, bedarf es eines Handlungsrahmens, der diese Selbststeuerung erlaubt und fördert. Organisationen, Prozesse und Hierarchien müssen Mitarbeiterinnen und Mitarbeitern eine hinreichende Entscheidungsfreiheit zur konkreten Ausgestaltung ihrer eigenen Arbeit gewähren, die es erlaubt, ihre Arbeit weiterzuentwickeln, Veränderungen zu wagen und zu erproben und sich in der Organisation mit anderen über geeignete Vorgehensweisen zu verständigen.

„Lernkultur“ ist Modell und Zielsetzung zugleich

Weil wir das meiste durch und während unserer Arbeit sowie im Austausch mit anderen lernen, eröffnet sich für Organisationen ein Handlungsfeld, dass wir zunächst als Modell bzw. Struktur begreifen wollen, mit dem sich die oben ausgeführten Erkenntnisse – Aufstieg von Teamarbeit und Bedeutungszugewinn des Teamlernens, ein modernes Verständnis des agilen Lernens, insbesondere durch die tägliche Arbeit, die bewusste Gestaltung der Arbeit selbst als lernförderlicher Raum – fassen lassen: Lernkultur.[8]

Lernkultur beschreibt die Gesamtheit aller Einstellungen, Haltungen, Konventionen, Werte, Praktiken und Prozesse, die das Lernen in einer Organisation prägen und fördern. Damit geht Lernkultur über die formellen Qualifizierungsangebote weit hinaus und blickt auf positive Rahmenbedingungen sowie Prozesse und Impulse, die das Lernen fördern.

Mit dem *Lernhacks Lernkultur-Framework* haben wir ein Modell vorliegen, dass als Bezugsgröße nicht nur das Individuum umkreist, sondern der Tatsache Rechnung trägt, dass Erfolge in komplexen Organisationen heute in aller Regel Teamerfolge sind. Darüber hinaus schaut es auch auf die strukturellen Gegebenheiten. In dem Framework werden daher drei Ebenen einbezogen:

Individuum (persönlich)

Team (kollektiv)

Organisation (strukturell)

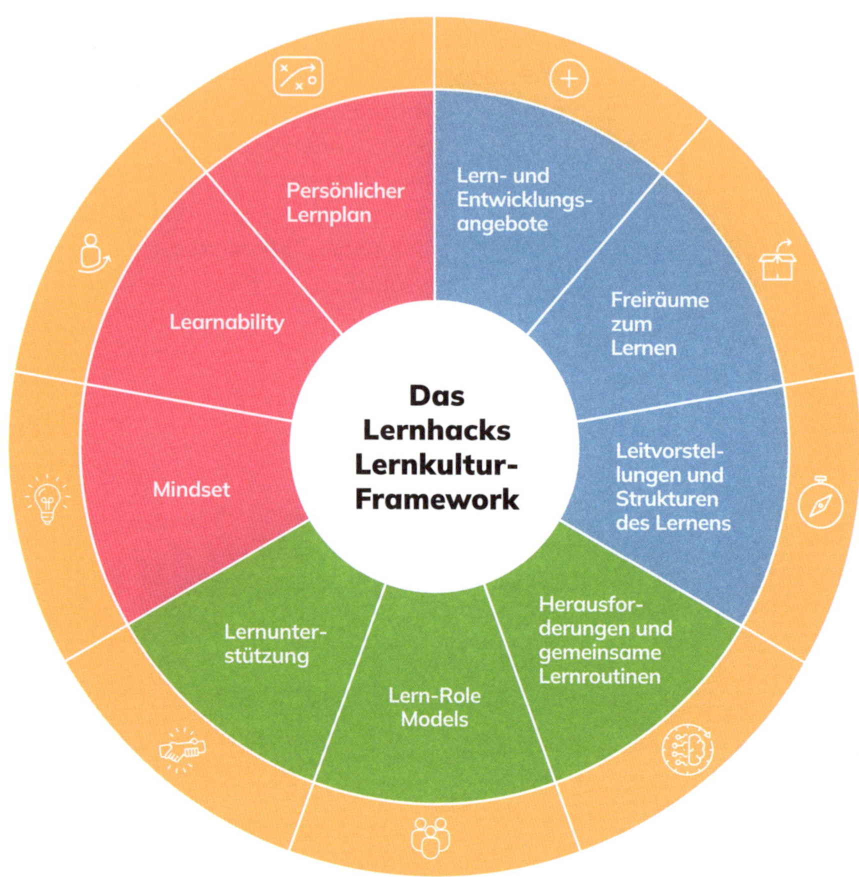

Das Lernhacks Lernkultur-Framework

Das *Lernhacks Lernkultur-Framework* kann dazu dienen, mit einem breiten Verständnis von Lernen auf verschiedenen Ebenen der Organisation diejenigen Ansätze zu identifizieren und umzusetzen, mit denen die Entwicklung hin zum Einswerden von Arbeiten und Lernen, nicht nur, aber vor allem für Teams, stimuliert werden können.

Strukturell

Die strukturelle Ebene muss für Lernangebote, Freiräume zum Lernen und Orientierung und Rahmenbedingungen für das Lernen sorgen.

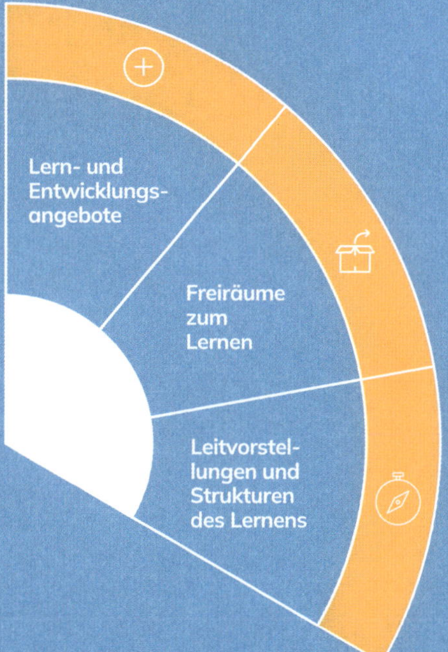

Lern- und Entwicklungsangebote

- Vielfältige Lern- und Entwicklungsangebote (Seminare, Lernressourcen aller Art, Möglichkeit zu Job-Wechsel, Hospitation, Mitwirkung an Projekten etc.)
- Attraktive Learning-IT
- Zugänglichkeit im Alltag

Freiräume zum Lernen

- Zeit zum Lernen
- Freiheit, eigene Lernziele zu definieren und zu verfolgen, zugleich Orientierung zu möglichen nächsten Schritten

Leitvorstellungen und Strukturen des Lernens

- Verständnis von Lernen; Rollen aller Beteiligter in Bezug auf Lernen
- Normen / Werte bezüglich Lernen
- Anreize zum Lernen
- Kennzahlen / KPI für Lernen und Budget-Logiken
- Prozesse / Standards, z. B. Freigaben
- Einbeziehung relevanter Stakeholder, z. B. Betriebsrat, Geschäftsführung

Kollektiv

Auf der kollektiven Ebene kommt es auf die Lernunterstützung durch die Führungskraft im Alltag, sichtbare Lern-Role Models in der Organisation und den Umgang mit Herausforderungen und Lernroutinen an.

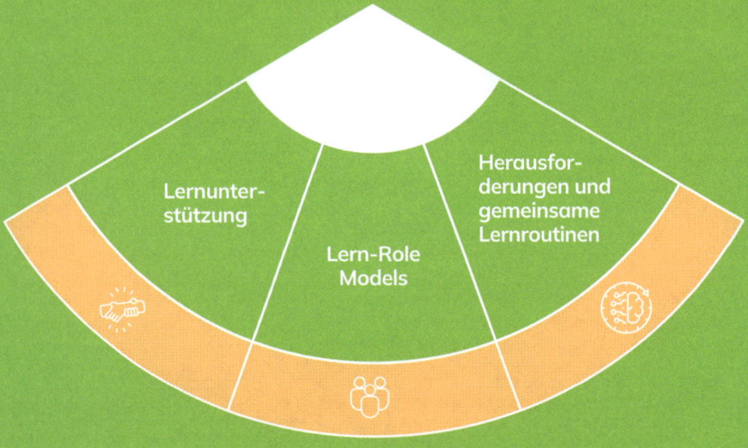

Lernunterstützung

- Lernberatung
- Transfer / Anwendung von Gelerntem im Arbeitsalltag
- Aktive Begleitung / Unterstützung durch die Führungskraft im Alltag
- Austausch / Unterstützung im Team
- Psychologische Sicherheit

Lern-Role Models

- Vorbilder für das Lernen
- Inspiration zum Lernen, auch auf neuen Wegen

Herausforderungen und gemeinsame Lernroutinen

- Ambitionierte, abwechslungsreiche und inhaltlich komplexe Herausforderungen für alle Mitarbeitende
- Gemeinsame Routinen im Team-Alltag verankert, mit denen alle im Team gemeinsam von- und miteinander durch die Arbeit lernen

Persönlich

Mitarbeitende und Führungskräfte werden zu Gestalter ihres Lernens. Lernen wird fest im Arbeitsalltag verankert: Lernen = Arbeiten = Lernen.

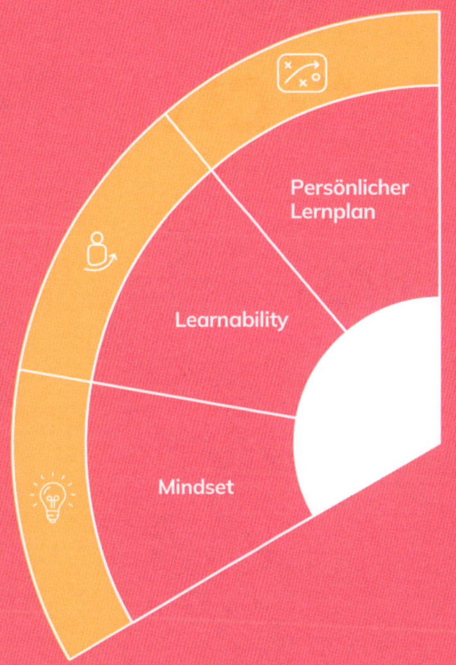

Persönlicher Lernplan

- Klarheit zu persönlichen Zielen
- Reflektierter Lernplan
- Überführung von Arbeitsherausforderungen in Lernaktivitäten

Learnability

- Persönliche Lernstrategien
- Lernroutinen im Alltag

Mindset

- Growth Mindset
- Selbstverständnis als Lerner
- Zutrauen in eigene Lernfähigkeit

Das Framework deckt den „Bereich“ Lernen in unserer Betrachtung umfassend ab, ohne dabei überkomplex oder oberflächlich zu sein. Es kann verwendet werden, um eine lernförderliche Arbeitsumgebung aufzubauen, indem es eine strukturierte Betrachtungs- und Herangehensweise bietet, mit der das Potenzial des Lernens im Arbeitsprozess gehoben werden kann. Insofern kann das Framework nicht nur als Modell dienen, um den Status quo des Lernens in einer Organisation zu evaluieren und abzubilden, sondern auch als Zielbild eines nachhaltigen, innovativen und zukunftsfähigen Lernens für eine Organisation dienen.

Scrum als Modell für learning-rich work

Auf der Suche nach Orientierungspunkten, wie learning-rich work aussehen kann, kommt man unweigerlich zu Scrum: Als „leichtgewichtiges Rahmenwerk, welches Menschen, Teams und Organisationen hilft, Wert durch adaptive Lösungen für komplexe Probleme zu generieren“[9] beschreibt Scrum eine Arbeitsweise, die – ausgehend von der Softwareentwicklung – auf immer mehr Arbeitsbereiche ausstrahlt und zunehmend den Fluchtpunkt für die Weiterentwicklung der Zusammenarbeit von Menschen in komplexer werdenden Kontexten markiert. Die Autoren des Scrum Guides schreiben selbst:

„Wir sehen demütig, wie Scrum in zahlreichen Bereichen komplexer Arbeit über die Softwareentwicklung hinaus – wo Scrum seine Wurzeln hat – eingesetzt wird.“[10]

Scrum. Ein kurzer Überblick

Das **Scrum-Rahmenwerk** ist eine agiles Vorgehen für die Zusammenarbeit in Teams, insbesondere in der Softwareentwicklung. Es basiert auf sich wiederholenden Zeitspannen (Iterationen), den Sprints, in denen das Team an Aufgaben arbeitet, um Ziele zu erreichen. Das Team trifft sich täglich zu kurzen Meetings, den **Daily Scrums**, um den Fortschritt zu besprechen, die Arbeit für den Tag zu planen und Hindernisse zu identifizieren. Die Arbeit basiert auf einem **Product Backlog**, aus dem ein **Sprint Backlog** für jeden Sprint erstellt wird.

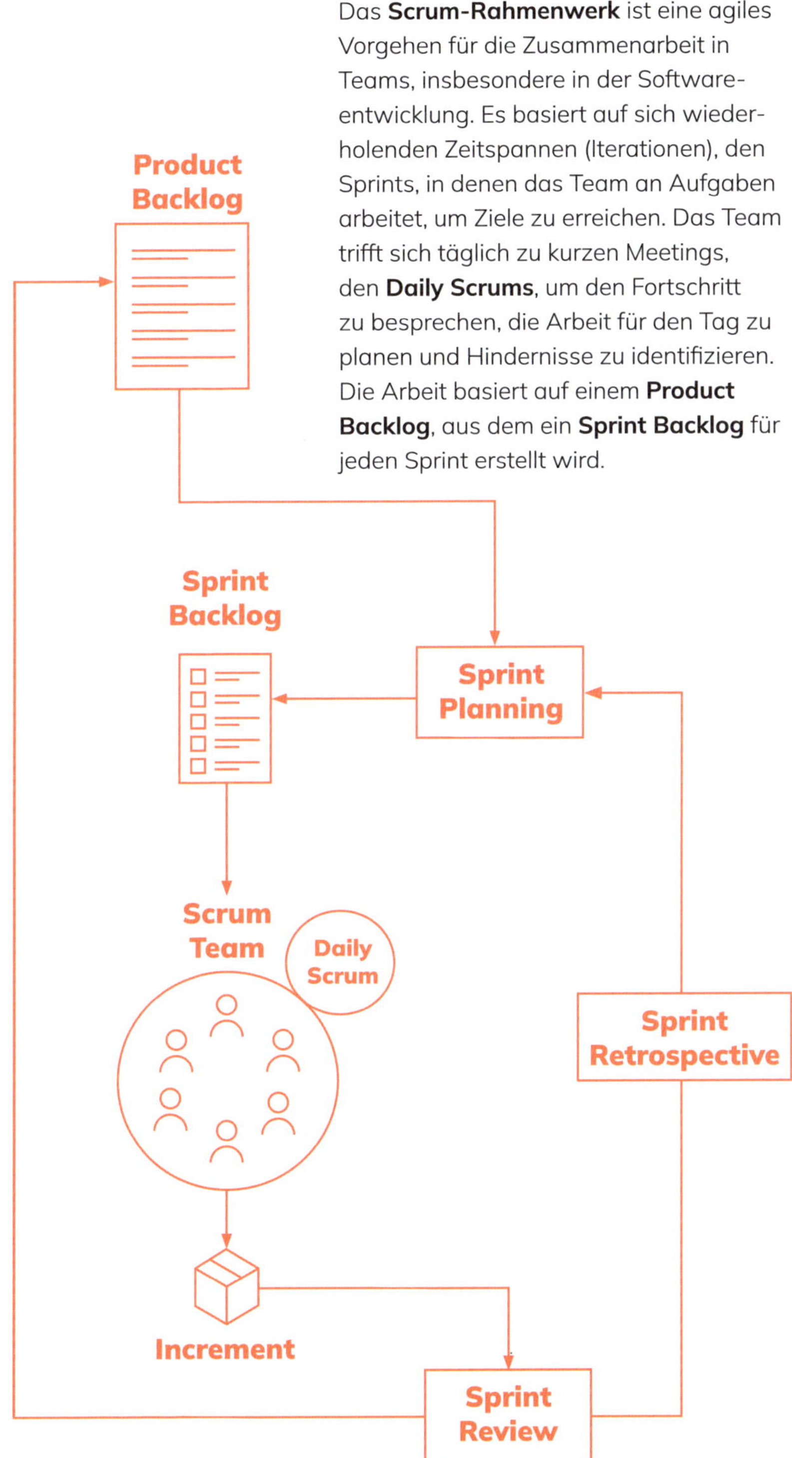

Das Team managt sich selbst und der **Scrum Master** unterstützt das Team in dieser Vorgehensweise, indem er wie ein Trainer und Coach agiert. Zudem hilft er dem Team, Hindernisse zu beseitigen. Der **Product Owner** hat stets das größere fachliche Ziel vor Augen, definiert die Anforderungen und kümmert sich darum, dass sie zum richtigen Zeitpunkt in die Sprints kommen. Am Ende jedes Sprints wird ein wertvolles, nützliches **Increment** des Produkts erstellt. Das Scrum-Rahmenwerk fördert mit seinem empirischen Ansatz die drei wichtigen „Säulen" Transparenz, Überprüfung und Anpassung, was wiederum zu Vertrauen und kontinuierlicher Verbesserung innerhalb des Teams führt.

Ein wesentlicher Aspekt dieses Modellcharakters von Scrum ist die schlüssige, kontinuierliche Einbeziehung von Lernprozessen in die Arbeitsweise. Ken Schwaber und Jeff Sutherland als Autoren des *Scrum Guide* formulieren deshalb:

„Von einem Scrum-Team wird erwartet, dass es sich in dem Moment anpasst, in dem es durch Überprüfung etwas Neues lernt." [11]

Der Scrum Guide bleibt jedoch nicht bei der Postulierung dieses – so isoliert vielleicht auch wohlfeil erscheinenden – Anspruchs stehen, sondern webt in das Scrum-Rahmenwerk entsprechende Events (z. B. Sprint Retrospective) so schlüssig ein, dass eine Abgrenzung zwischen Arbeit und Lernen vollkommen willkürlich und letztlich auch gänzlich überflüssig erschiene. Diese Verschmelzung wird daran deutlich, dass der Sprint im Scrum Guide nicht nur Zeitraum zur Erreichung eines Increments ist – sprich: als Arbeitsphase –, sondern auch als „Lernzyklus" verstanden wird.

Scrum in der Schule

Im schulischen Lernkontext hat sich die Verknüpfung von Scrum und agilem Lernen bereits ergeben, wenngleich von einer Durchsetzung nicht die Rede sein kann. In den letzten Jahren hat sich eine „agile in education"-Bewegung formiert und unter dem schlüssigen Begriff „eduscrum" das Scrum-Rahmenwerk für das schulische Lernen adaptiert.

Allerdings im deutlichen Unterschied zu unserem hier postulierten Ansatz des learning-rich work nutzt eduscrum „nur" das bestehende agile Scrum-Rahmenwerk mit seinen Elementen und Routinen und überträgt diese auf das schulische Lernen. Die schulischen Rahmenbedingungen werden dabei nur indirekt in den Blick genommen und höchstens am Rande im Sinne eines „Crafting" mitgestaltet.[12]

Der Sinn dieses Buches

So richtungweisend die Ideen des Scrum Guide schon sind, so sehr sind wir davon überzeugt, dass das Potenzial von Scrum als Modell von learning-rich work noch größer ist.

Dieses Buch möchte aufzeigen, wie Lernen – individuell, aber vor allem gemeinsam im Team – in Scrum-Kontexten gelingen kann und schlägt hierfür konkrete Toppings vor, die über die im Scrum Guide schon kodifizierten Elemente hinausgehen. Damit verfolgen wir zwei Ziele:

1. Wir möchten zum einen Teams, die bereits mit Scrum arbeiten, Ideen an die Hand geben, wie sie ihre Zusammenarbeit weiterentwickeln können, um das Lernpotenzial ihrer Arbeit noch besser zu nutzen.
2. Wir möchten zum anderen Teams, die außerhalb von Scrum-Kontexten arbeiten oder lediglich Versatzstücke des Rahmenwerkes nutzen, dabei unterstützen, zukunftsweisende Lernroutinen in ihre Arbeitsweise einzubinden, ohne dass hierfür ein vollständiger Wechsel der Arbeitsweise im Sinne einer stringenten Einführung von Scrum notwendig ist.

Wir stellen Ideen und konkrete Tools vor, die für Scrum-Teams entwickelt wurden, aber von allen Teams genutzt werden können, die learning-rich work heute schon gestalten wollen.

Der Sinn der Team Toppings

Der Titel „Team Toppings“ unterstreicht nicht (nur) die Leidenschaft der Autorin und Autoren für das Backen von Muffins mit kreativen Verzierungen. Toppings sind leicht, machen Spaß, wirken als Extra-Belohnung, bringen Farbe und neue Texturen ins Spiel, sie veredeln ein Produkt, auf dem sie wie das Sahnehäubchen den Abschluss bilden. Diesen Spirit sollen unsere Tools bei der Anwendung in der Arbeit eines Teams auch versprühen. Wir wollen, dass die Toppings nicht als zusätzliche Belastung empfunden werden, sondern sich als Highlight einerseits und als natürlicher Bestandteil des Arbeitens andererseits anfühlen. Mit dem Begriff „Team“ stellen wir zudem heraus, dass die Tools darauf abzielen, das Lernen im Team zu fördern.

Der neue Begriff trifft auf ein bewährtes Konzept: das der Lernhacks. Lernhacks haben sich in vielen Organisationen und Kontexten bewährt, denn sie bieten einzelnen Mitarbeitenden, Führungskräften und Teams einen niedrigschwelligen und individuellen Zugang zur eigenen Weiterentwicklung. Mithilfe der Lernhacks können Personen das eigene Lernen reflektieren und daraus Strategien und Maßnahmen ableiten, wie sie zukünftig noch erfolgreicher lernen können. Lernhacks sind eine Toolbox für eigenverantwortliches, agiles Lernen, das Mitarbeitende dabei unterstützt, ihr Lernen verstärkt selbst in die Hand zu nehmen. Damit fördern sie zum einen die Zukunftskompetenz „Learnability“ auf Ebene der Einzelnen und der Teams, zum anderen eine zeitgemäße Lernkultur der Organisation insgesamt.

Patentlösung „Hacks"?

Hacks sind insbesondere im Diskurs zur Gestaltung gelingender Arbeit stark verbreitet: Produktivitäts-Hacks versprechen, in der Flut von Aufgaben und Informationsströmen endlich Oberwasser zu gewinnen und zu behalten. Work Hacks wecken die Hoffnung, die Knoten zu zerschlagen, die mit immer unübersichtlicheren Kommunikations- und Zuständigkeitsgeflechten eingehen, über die wir täglich stolpern. Und schließlich Lernhacks. Was steckt hinter dieser Beliebtheit von Hacks? Unsere These lautet: Hacks treten an die Stelle von „best practices". Weil Organisationen, Projektkontexte und Prozesse immer komplexer werden, lassen sich „best practices" kaum noch bestimmen: Die Spezifika einzelner Kontexte sind so dominant, dass sich Erfolgsmodelle auf der Ebene vermeintlich bewährter, großer Lösungsansätze kaum noch übertragen lassen.

An die Stelle der großformatigen „best practices" treten Hacks: Sie sind kleiner, leichtgewichtiger und damit weniger voraussetzungsvoll – eine handlichere Größe, in der sich sinnvoll Erfahrungen festhalten und übertragbar beschreiben lassen. Darüber hinaus sind Hacks demütiger: Es geht nicht darum, was – im Superlativ! – beste Praxis war, sondern was sich in einzelnen Kontexten als hilfreich erwiesen hat. Sie erheben nicht den Anspruch der Perfektion und kommen nicht im Imperativ daher, sondern bieten sich als hilfreiche, in übertragbaren Praktiken beschriebene Erfahrungen an, die zur Anpassung und Weiterentwicklung einladen.

Klassische Lernformate wie Seminare, Vorträge, Webinare, Online-Kurse oder Web-based Trainings sind zumeist instruktiv. Sie stellen v. a. Wissen für den Konsum bereit. Team Toppings hingegen sind Impulse, um das eigene Lernen in Schwung zu bringen. Die Erfahrungen der eigenen Arbeit und des Lernens sind Grundlage dafür, Erkenntnisse abzuleiten, wie

- persönlich wirksame Lernweisen bestimmt und routiniert in den Arbeitsalltag integriert werden können,
- Arbeitsstrukturen und -prozesse zum Lernen selbstständig zu nutzen sind, anstatt zusätzliche, die Arbeit erschwerende oder ihnen zuwiderlaufende Strukturen des Lernens mit hohem Einsatz einführen und lebendig halten zu wollen,
- vor allem aber die Strukturen und Abläufe der Arbeit selbst so anzupassen sind, dass sie auch für das Lernen optimal sind.

Unsere für die Teamarbeit und das gemeinsame Lernen entwickelten Team Toppings lassen sich daher wie folgt charakterisieren:

Team Toppings sind Tools, Routinen und Impulse, um als Team eigenverantwortlich zielführend und nachhaltig im Arbeitsalltag zu lernen.

Team Toppings helfen, ein gemeinschaftliches Lern-„System“ zu entwickeln, indem immer wieder die folgenden zentralen Fragen aufgeworfen werden:

- Was wollen und sollen wir lernen? Und wozu?
- Wie genau wollen wir das angehen?
- Kommen wir so voran, wie wir uns das vorstellen?
- Wie kann ich meinen und unseren Lernprozess verbessern?
- Wie würden wir das nächste Mal so ein Lernvorhaben angehen?

Team Toppings sind nicht als geschlossenes System von Tools zu verstehen, sondern bewusst offen gestaltet: sie fordern auf, eigene Lernroutinen zu definieren und die Relevanz des Lernens sowie den Transfer von Gelerntem in die tägliche Arbeit sicherzustellen. Die Team Toppings können und dürfen weiterentwickelt, verändert und angepasst werden. Denn darin liegt ihre große Stärke.

In diesem Buch versammeln wir eine Reihe von Team Toppings, die anders als bisherige Sammlungen für ein spezifisches agiles Rahmenwerk, nämlich Scrum, entwickelt wurden. Selbstverständlich ist ihre Anwendung nicht auf Product Owner, Scrum Master und Developer beschränkt. Die Idee, die jedem Team Topping zugrunde liegt, lässt sich auch sehr gut in anderen Arbeitsstrukturen anwenden.

In jedem Kapitel dieses Buches wird ein spezifisches Team Topping vorgestellt. Es werden sowohl die Idee zum Topping als auch konkrete Schritte zu dessen Anwendung dargelegt. Zudem zeigen wir auf, welche weiteren Einsatzmöglichkeiten, Anpassungen und Erweiterungen des Team Toppings noch mehr aus ihrer Anwendung herausholen.

Das Team Topping selbst ist als Vorlage enthalten und kann direkt eingesetzt werden. Die Praxisrelevanz der Team Toppings zeigt sich immer wieder in Beispielen und Boostern. Hier werden echte Use Cases aus der Praxis der Autorin und Autoren dargestellt, um einen Eindruck davon zu vermitteln, welche Ergebnisse die Lernhacks aufweisen und welche Wirkung sie entfalten können.

Um die Team Toppings gleichermaßen für Teams nutzbar zu machen, die mit Scrum arbeiten, wie für Teams, die sich schrittweise für agile Arbeitsweisen öffnen, jedoch ihrer Zusammenarbeit kein umfassendes Framework zugrunde legen, sind die Hacks in diesem Buch nach zwei Logiken sortiert:

1. Jedes Team Topping ist einem Bereich des Scrum-Rahmenwerks zugeordnet.

2. Zugleich ist jedes Topping typischen Herausforderungen / Zielsetzungen zugeordnet, die es allen Teams erlauben, für einen spezifischen Kontext eine entsprechende Routine zu finden.

Hierbei ordnen wir die Team Toppings sechs Kategorien zu:

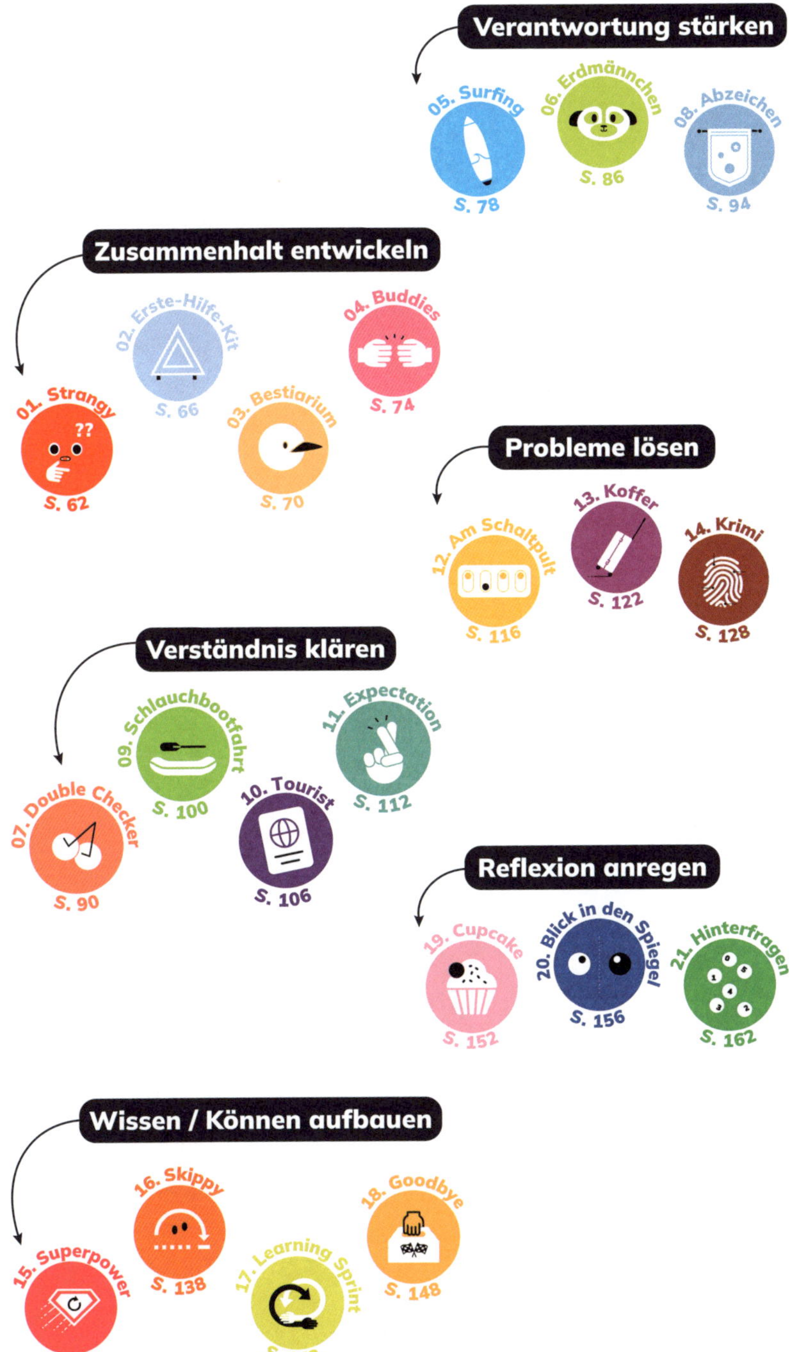

Die Team Toppings

01 Strangy

Die Retro für die Hosentasche

Verortung in Scrum

Sprint Retrospective

Wertbeitrag

Zusammenhalt entwickeln

Lernmoment

Und plötzlich ist er da, dieser seltsame, unsichere Moment: Es wird etwas offensichtlich Irritierendes geäußert und keiner der Teilnehmenden spricht es an. Oder jemand stellt eine Frage und keiner reagiert. Nach einem Moment der Stille und mit gesenkten Blicken geht es weiter, als wenn nichts gewesen wäre.

In diesen Momenten steckt viel Lernpotenzial für ein Team. Lernt das Team, das Irritierende direkt in diesen Situationen zu besprechen, kann das Team Zeit sparen. Die typischen 1:1-Nachbesprechungen wären nicht nötig, wenn jetzt bereits geklärt worden wäre, was zur Verunsicherung geführt hat. Unausgesprochenen Konflikten wird prophylaktisch vorgebeugt, indem dieses soziale Risiko eingegangen wird. Durch direktes Ansprechen dieses Problemfalls werden auf Dauer Vertrauen und Offenheit im Team gestärkt.

Idee

Wenn du die entstehende Unsicherheit noch nicht genau benennen kannst, hilft dir Strangy dabei, den anderen einen freundlichen Hinweis darauf zu geben, dass du etwas in dem Meeting als seltsam empfindest. Und keine Angst, es wird in den meisten Fällen nicht nur dir so gehen. Im Idealfall werdet ihr als Team Spaß daran finden, mit Strangy unsicheren Momenten auf den Grund zu gehen und diese direkt zu klären.

So geht's

Du kannst Strangy als physische Karte heben oder als digitales Bild im Online-Meeting posten. Entscheide selbst, ob du dieses Team Topping zunächst für dich behältst und in der ersten passenden Situation dem Team vorstellst. Oder ob das Team sich vorab grundsätzlich über die Nutzung von Strangy verständigt. Möchtest du diese Methode als verbindliches Element im Team etablieren, sollte jeder Teilnehmende eine Strangy-Karte erhalten und darf diese beliebig oft einsetzen. Nämlich immer, wenn das Gefühl aufkommt, dass gerade eine seltsame Situation vorliegt. Genau dann wird die Karte gehoben!

Sobald du oder ein Teilnehmender Strangy signalisiert, gibt es Klärungsbedarf. Um diesen Moment zu durchleuchten, helfen folgende Fragen:

- Was ist hier gerade passiert?
- Warum bin ich gerade irritiert?
- Wem geht es noch so?
- Was machen wir damit?
- Stecken wir fest und wie können wir weitermachen?

Booster

Wenn andere sich trauen, Strangy zu heben, dann wird ein ehrlich gemeintes Lob sie darin bestärken, weiter offen zu sein, und andere vielleicht bestärken, mitzumachen.

Topping als Vorlage

02 Erste-Hilfe-Kit

Was tun, wenn jemand fehlt?

Verortung in Scrum

Allgemein

Wertbeitrag

Zusammenhalt entwickeln

Lernmoment

Es ist mal wieder so weit. Das gewohnte Sprint Planning zu Beginn des neuen Sprints steht an. Das Team hat inzwischen eine Routine entwickelt, und die Aufgaben und Ziele sind klar abgesprochen. Es wird wie die letzten Sprints ablaufen. Das Team wird mit einem klaren Sprint-Ziel und den dafür notwendigen Arbeitspaketen in den Sprint starten.

Aber Moment. Wo ist eigentlich unsere Product Ownerin? Das Sprint Planning geht doch gleich los! Sie hat doch meist eine genaue Vorstellung des nächsten Sprints. Und sie kommt dann auch mit einem Vorschlag, wie das Sprint-Ziel aussehen sollte. Und woher wissen wir, welche Items in unser Product Backlog müssen und wie wichtig die einzelnen Items sind? Und was wollen unsere Stakeholder? Und überhaupt, wer führt uns durch das Sprint Planning?

Jedes Team wird eine solche Situation früher oder später erleben. Auch wenn die Aufgaben gut verteilt und die regelmäßigen Meetings schon zur Routine geworden sind, wird es immer wieder zu Momenten kommen, in denen wichtige Wissens- und Entscheidungsträger fehlen. Und das führt sehr schnell zu viel Überraschung und Unsicherheit.

Im Beispiel handelt es sich um ein Scrum Team, das sich kurz vor dem Sprint Planning befindet. Es kann aber jedes Team mit regelmäßigen Meetings, in denen geplant wird und Entscheidungen getroffen werden, in diese Lage kommen.

Idee

Um in solchen Situationen entspannt zu bleiben und einen Plan B zu haben, ist es sinnvoll, bereits im Vorfeld die möglichen Szenarien mit dem Team durchzugehen.

- Was machen wir, wenn ein bestimmtes Teammitglied nicht anwesend ist?
- Wie bleiben wir handlungsfähig?
- Was können wir im Vorfeld tun, um gut vorbereitet zu sein?

So geht's

1. Einigt euch auf ein gemeinsames Ziel, das die oben angesprochene Thematik adressiert. Beispielsweise: „Wir wollen gemeinsam festlegen, wie wir während der Abwesenheit Einzelner weiter gut arbeiten und lernen können."
2. Verschafft euch als Team einen Überblick, welche Teammitglieder in welchen Meetings und Situationen besonders wichtige Schlüsselpositionen einnehmen, für die ihr ein „Erste-Hilfe-Kit" bereitstellen wollt.
3. Nun überlegt euch, wie dieses Erste-Hilfe-Kit aussehen kann. Gibt es Teammitglieder, die bestimmte Aufgaben übernehmen können? Haben diese Teammitglieder alles, was sie dafür benötigen?
4. Manchmal geht es auch um Entscheidungen, die das Team in Abwesenheit der Entscheidungsträger treffen muss. Erstellt hierfür etwa gemeinsam eine Pyramide der Abwesenheit bzw. der Situation, in der ihr gemeinsam gefasste Regeln zur Abwesenheit in einer logischen Schrittfolge festlegt. Diese Regeln sind nicht als Eskalationsspirale zu verstehen, sondern eher als Rahmen, in dem gearbeitet werden kann, bis die Spitze erreicht ist und das Team entweder nicht mehr handlungsfähig ist oder die Abwesende kontaktiert werden muss.

Oftmals können derartige Überlegungen auch erst gemacht werden, wenn eine Situation bereits einmal eingetreten ist. Deswegen ist es auch hier wieder wichtig, retrospektiv auf verschiedene Geschehnisse zu blicken, um für die Zukunft besser gewappnet zu sein und daraus zu lernen.

Topping als Vorlage

Wir kontaktieren die Abwesenden, weil wir nicht mehr handlungsfähig sind

Wir kontaktieren Lisa, weil die Entscheidung nicht warten kann und wir dringend ihre Unterstützung brauchen.

Gibt es sonst noch jemanden, der uns helfen kann, diese Entscheidung zu treffen (Beispiel: Stakeholder, Vorgesetzter von Lisa)?

Wir fragen Lisas offizielle Vertretung Peter, einen Product Owner aus einem anderen Scrum Team, ob er uns helfen kann.

Wie wichtig ist diese Entscheidung? Kann sie auch noch warten, bis Lisa wieder zurück ist?

Beispiel

Situation: Unsere Product Ownerin Lisa ist im Sprint Planning nicht anwesend. Wie können wir mit dieser Situation umgehen?

1. Alle Teammitglieder setzen sich bereits vor dem Sprint Planning aktiv mit dem Inhalt des nächsten Sprints auseinander. Dazu kommt das Team kurz vor dem Sprintwechsel für einen kleinen Austausch zusammen, in dem Lisa ihre aktuellen Gedanken bzgl. des nächsten Sprints mit dem Team teilt. Diese Informationen können auch für das Sprint Review verwendet werden, um die Stakeholder zu informieren.
2. Wir befähigen uns als gesamtes Team, das Sprint Planning moderieren zu können, und bauen uns hierfür eine Vorlage, die uns unterstützt (siehe Topping „Schlauchbootfahrt“).
3. Falls Entscheidungen notwendig werden, die wir als Team nicht ohne Lisa treffen können (z. B. die Abwägung der Dringlichkeit bestimmter Anforderungen), einigen wir uns auf eine Abfolge von Schritten, die wir dennoch gehen können, bevor wir Lisa kontaktieren.

Booster

Team Topping: Schlauchbootfahrt

03 Bestiarium

Tasks bekommen einen Namen

Verortung in Scrum

Daily Scrum

Wertbeitrag

Zusammenhalt entwickeln

Lernmoment

Wir lernen am allermeisten durch unsere Arbeit, zumindest wenn sie mit interessanten, wechselnden und anspruchsvollen Aufgaben und Herausforderungen einhergeht. Wie wir Arbeit verteilen im Team, ist also eine entscheidende Stellgröße dafür, wer sich wie entwickeln kann und entwickeln wird. Dieser Aspekt findet i. d. R. aber wenig Beachtung, stattdessen werden Aufgaben häufiger danach verteilt, wer sie am routiniertesten erledigen wird, wer diesen Job schon immer gemacht hat, wer sich für welche Aufgabe interessiert, wer vermeintlich Profi darin ist oder – im schlechtesten Fall – wer sich am wenigsten wehrt. Überdies gehen mit einzelnen Aufgaben unterschiedliche Aufwände einher und unterschiedliche Chancen, zu brillieren und sichtbar zu werden.

Idee

Um am Ende eines Meetings, z. B. eines Daily Scrum, Aufgaben – wir sprechen im Folgenden von Tasks – smart zu verteilen, führen wir anschauliche Begrifflichkeiten für unterschiedliche Kategorien solcher Tasks ein, indem wir auf die Tierwelt zurückgreifen. In unserem Beispiel haben wir fünf Vogelarten genommen und ihre Charakteristika entlang von fünf Dimensionen (vielleicht auch etwas willkürlich) eingeordnet. Entscheidend ist nicht, dass ihr diese fünf Dimensionen oder gar diese fünf Tiere als Begrifflichkeiten übernehmt, sondern dass ihr die unterschiedliche Natur von Tasks und die mit ihr einhergehenden Chancen gemeinsam reflektiert, hierfür gemeinsame Begrifflichkeiten einführt und versucht, eine sinnvolle und faire Balance in der Verteilung zu finden. Um das Lernpotenzial der Arbeit auszuschöpfen, schlagen wir aber vor, dass eine Dimension sein sollte, in welchem Maße eine Aufgabe „learning-rich“ ist, also Chancen zum Lernen umfasst.

So geht’s

Gestaltet euer eigenes Bestiarium: Überlegt, welche typischen Arten von Aufgaben ihr habt und worin sich diese Tasks strukturell unterscheiden:

- Legt fest, entlang welcher Dimensionen ihr Tasks künftig einsortieren möchtet.
- Wählt – frei assoziierend – Tierarten aus, die unterschiedliche Charakteristika der Tasks repräsentieren.
- Verankert diese Begrifflichkeiten in der Weise, wie ihr über Aufgaben im Team sprecht; weist also Tasks immer zu, welcher Tierart sie zuzuordnen sind.

Reflektiert bei der Verteilung von Tasks, ob ihr unterschiedliche Aufgabentypen sinnvoll und fair ausbalanciert verteilt und insbesondere, ob damit alle im Team gute Lern- und Entwicklungsmöglichkeiten haben.

Topping als Vorlage

	−			+
Sichtbar	−	Wird oft übersehen	Auf der großen Bühne	+
Anspruchsvoll	−	Brot-und-Butter-Arbeit	Harte Nuss	+
Entscheidend	−	Eher unbedeutend	Strategisch bedeutsam	+
Aufwendig	−	Schnell erledigt	Hoher Zeitbedarf	+
Learning-rich	−	Nichts Neues	Viel zu lernen	+

Beispiel

Vögel und Eigenschaften nur beispielhaft.
Entwickelt euer eigenes Bestiarium.

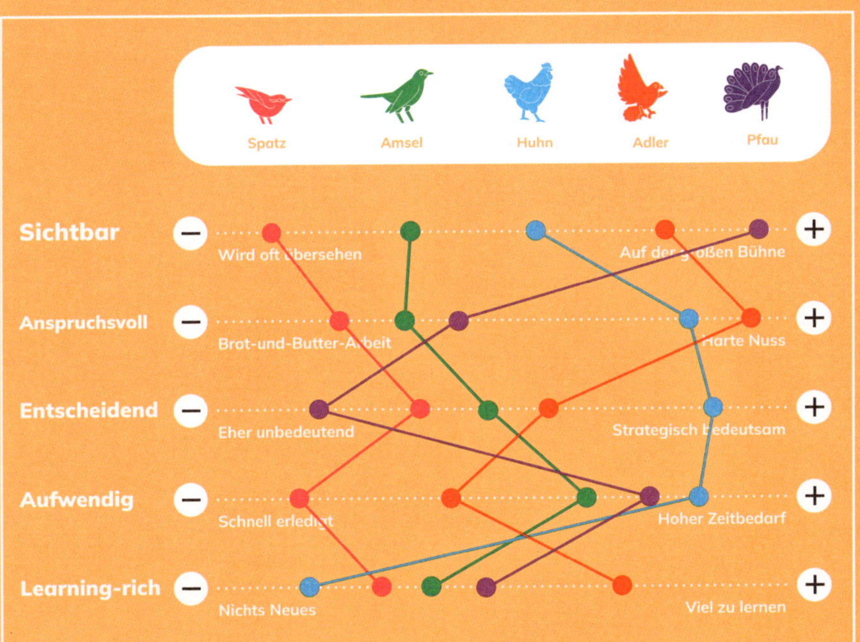

04
Let's be Buddies
Vernetzung ist Trumpf

Verortung in Scrum

Sprint Review

Wertbeitrag

Zusammenhalt entwickeln

Lernmoment

Wochenlang arbeitet das Team an einem Ergebnis, das im Sprint Review gezeigt und besprochen wird. Doch wie gut das Ergebnis ankommt, hängt nicht nur von der Qualität der Präsentation oder des Ergebnisses ab, sondern auch vom Verhältnis der Menschen untereinander, die an diesem Termin teilnehmen. Feedback zu geben und anzunehmen ist immer leichter, wenn eine Person das Gegenüber als Buddy sieht und zuvor bereits Empathie und beide – im besten Fall – Sympathie füreinander entwickelt haben. Daher ist es gut, wenn man aktiv Verbindungen, etwa zwischen Entwicklerinnen und Stakeholdern, aufgebaut hat. Jede im Scrum Team überlegt sich eine Frage, die sie gerne beantworten würde. Die gesammelten Fragen werden den Stakeholdern zugespielt, wobei diese sich jeweils die Fragen aussuchen, über die sie sich anschließend gerne mit dem entsprechenden Teammitglied unterhalten wollen. Die Fragen bieten einen konkreten Anknüpfungspunkt, mit dem sofort ein tieferes Gesprächsverhältnis ermöglicht wird. Eine erste Verbindung zwischen neuen Buddies ist geschaffen und kann nun weiter ausgebaut werden.

So geht's

Zu Beginn bekommt jeder im Team die Aufgabe, folgende Frage per Mail oder Chat zu beantworten: Gibt es eine Frage, die du unbedingt gerne beantworten möchtest, wenn sie dir jemand stellen würde? Irgendeine Frage, um in ein gutes Gespräch zu kommen.

Ob diese Frage aus dem Projektkontext kommt oder ob du auch persönliche Fragen zulässt, ist dir überlassen bzw. der Person, die dann die Fragen weiterverteilt. Sobald alle Fragen gesammelt sind, geht's ans Verteilen. Sendet den Stakeholdern die Fragen zu. Entweder alle auf einmal und die Stakeholder können je eine auswählen oder vernetze gezielt passende Personen untereinander, die sich z. B. noch am wenigsten kennen oder für die es einen anderen Grund gibt, in Verbindung zu treten.

Innerhalb eines definierten Zeitraums, beispielsweise zwei Wochen, sollen die Stakeholder den Teammitgliedern eine Termineinladung mit dem Betreff „Let's be buddies?" senden. Im Termin stellen die Einladenden zu Beginn die Frage, die ihnen zugespielt wurde. So kann das Gespräch sofort beginnen, die Gesprächspartnerinnen vernetzen sich und finden sicher weitere Themen, auch abseits der Frage – der Beginn ist gemacht. Womöglich hat euer Team sogar Lust auf mehr, und die Buddies finden noch viele weitere Fragen, über die zu sprechen sich lohnt.

Praxiserfahrung

Auch wenn es für manche anfangs befremdlich wirken mag, mit irgendeiner Frage auf fast fremde Menschen zuzugehen, so hat es sich in der Praxis doch bewährt, über den eigenen Schatten zu springen und dieses Experiment zu wagen. Denn mit diesem Team Topping gehen viele Lernmomente einher:

- Etwas Neues lernen,
- die eigene Komfortzone verlassen,
- vor einem Feedbackmeeting bewusst eine Beziehung mit den Menschen aufbauen, die mir etwas präsentieren werden,

um nur einige zu nennen. In Projekten geht es nicht nur um Ergebnisse und Feedback, sondern um Beziehungen und Interaktionen zwischen Menschen, die eine konstruktive Verbindung entstehen lassen.

Topping als Vorlage

Booster

- Nach dem ersten Gespräch ist vor dem zweiten: Vereinbart einen weiteren Termin oder gleich eine Terminserie, um im Kontakt zu bleiben.
- Sprecht im Termin auch direkt das (gemeinsame) Lernen an und bildet ein Lernnetzwerk: Was kannst du, das ich noch nicht kann? Wie können wir uns gegenseitig bei der Entwicklung unseres Wissens und Könnens unterstützen?
- Erweitert eure Buddy-Runde und ladet andere Personen ein, an diesem informellen Treffen teilzunehmen.
- Verankert das Buddy-Prinzip in den Routinen der Organisation, z. B. beim Onboarding. Egal, wer vor welcher Herausforderung steht, es tut immer gut, jemanden an seiner Seite zu haben.

05 Let’s go surfing

Nimm geschmeidig die nächste Welle

Verortung in Scrum

Daily Scrum

Wertbeitrag

Verantwortung stärken

Lernmoment

Regelmäßig den Kurs anpassen und rechtzeitig Hürden erkennen, um das Sprint-Ziel zu erreichen – das ermöglicht das Daily Scrum den Developerinnen jeden Tag. Leider schöpfen viele Teams dieses Potenzial nicht aus. Entweder entwickelt sich dieses tägliche Scrum Event zu einem Status-Update ohne wirkliche Kollaboration oder es wird über Dinge gesprochen, die nicht wirklich etwas mit dem Sprint-Ziel zu tun haben, und der Fokus geht verloren. Wichtig ist auch, dass das Team, im Falle des Daily Scrums: die Developerinnen, die Verantwortung für dieses Event ihrerseits übernimmt und nicht an den Scrum Master delegiert.

Zusätzlich führen die klassischen drei Fragen des Daily Scrum oft dazu, dass die Teammitglieder den Erfolg des Events an eine vorgegebene Struktur knüpfen:

1. Was habe ich gestern getan?
2. Was werde ich heute tun?
3. Gibt es irgendwelche Hindernisse?

Im aktuellen Scrum Guide von 2020 gibt es diese drei Fragen nicht mehr. Es heißt dort nur noch: „Die Developerinnen können Struktur und Techniken beliebig wählen, solange ihr Daily Scrum sich auf den Fortschritt in Richtung des Sprint-Ziels fokussiert und einen umsetzbaren Plan für den nächsten Arbeitstag erstellt. Das schafft Fokus und fördert Selbstmanagement."[14]

Idee

Und hier setzen wir an, einen wichtigen Lernmoment zu schaffen, der den Developern die Verantwortung überträgt, ihr Daily Scrum selbst zu gestalten und es immer weiter so zu verbessern, dass sich alle darauf freuen, die nächste Welle gut reiten zu können.

Dafür stellen sich die Teammitglieder vor, dass sie durch das Daily Scrum surfen. Das passende Surfbrett, um geschmeidig die Daily-Scrum-Welle nehmen zu können, bauen sie selbst. Doch bevor es auf ein gemeinsames Surfbrett geht, darf jeder Developer einen individuellen Vorschlag gestalten, der dann gemeinsam ausprobiert wird. Jedes Surfbrett stellt eine spezifische Variante dar, durch das Daily Scrum zu surfen.

So geht's

1. Jede Developerin bekommt ein Template eines leeren Surfbretts an die Hand, das sie eigenständig ausfüllt. Wichtig ist, dass vorher die inhaltlichen Rahmenbedingungen geklärt werden, auf die es in dem Event ankommt:
   - Fokus auf den Fortschritt in Richtung des Sprint-Ziels

- Erstellung eines umsetzbaren Plans bis zum nächsten Daily Scrum
- Einhalten der 15 Minuten
- Sonstige teamspezifische Rahmenbedingungen.

2. Die Developer probieren jedes Surfbrett für einen gewissen Zeitraum aus (Vorschlag: einen Sprint).
3. Nachdem die Developer jedes Surfbrett ausprobiert haben, bauen sie sich gemeinsam ihr Team-Surfbrett. Dieses darf und soll natürlich auch weiter verbessert und angepasst werden!

Topping als Vorlage

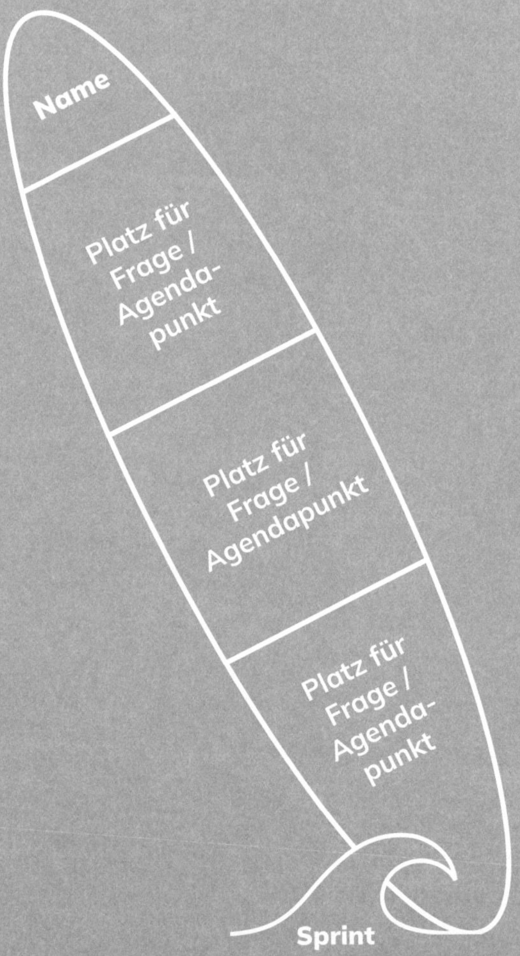

Beispiel

Die Abbildung oben zeigt exemplarisch, wie ein Team mit den ausgefüllten Templates umgehen kann. In diesem Fall werden die Surfbretter von Paul, Maike und Claudia jeweils für die Länge eines gesamten Sprints vom Team getestet. Jedes Teammitglied lässt sich auf dieses Experiment ein und probiert die Vorschläge der drei aus.

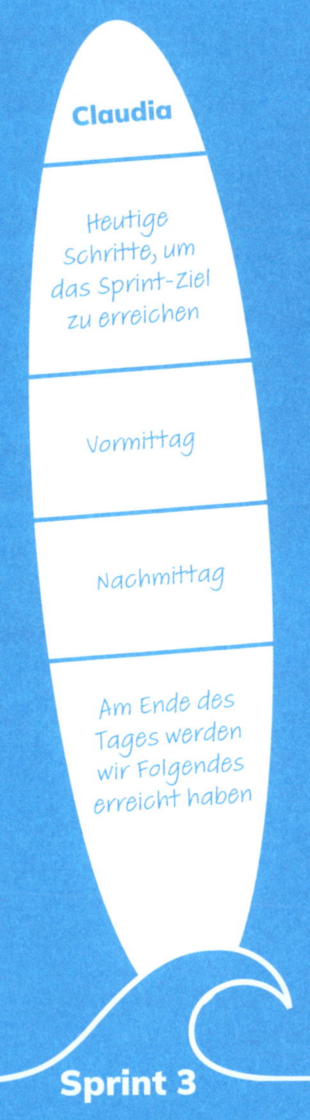

Booster

- Falls die Developerinnen eine Moderation im Daily Scrum benötigen, könnte das der Erbauer des jeweiligen Surfbretts übernehmen.
- Die Sprint Retrospective eignet sich sehr gut, um die einzelnen Surfbretter zu erstellen, zu besprechen und nach etwas Erfahrung auch ein gemeinsames Surfbrett zu kreieren.
- Auch Product Ownerin und Scrum Master können wertvolle Impulse und Ideen beisteuern. Wichtig ist jedoch, dass das Daily Scrum für die Developerinnen gedacht ist und auch in ihrer Verantwortung liegt. Dies gilt natürlich auch für Teams, welche nicht nach Scrum arbeiten. Jeder im Team kann mitwirken!

Kennst du Menschen, die dich mit dem, was sie tun und was sie ausstrahlen, zutiefst inspirieren? Auch bei der Entstehung dieses Buches war es so. Die Rede ist von Sjoerd Nijland, dem Gründer der weltweit führenden offenen Scrum Community „Serious Scrum“. Unermüdlich arbeitet er an neuen Ansätzen und Ideen, seine brennende Leidenschaft für Scrum und agile Teamarbeit zu nutzen, um sowohl Individuen als auch Teams dabei zu helfen, besser zu werden. In diesem Zuge ist auch die „Road to Mastery“, eine umfangreiche Lernreise für Scrum-Praktizierende, entstanden, aus welcher wir für dieses Buch zwei der Aktivitäten ausgewählt und sie in unseren Kontext der Team Toppings gebracht haben. Es geht um „Let's go Surfing“ und „Schlauchbootfahrt“. Wir hoffen, dass dir diese beiden Toppings genau so viel Spaß wie uns machen, dir und deinem Team neue Perspektiven eröffnen und euch beim Wachsen helfen.

Sjoerd hat uns auch ein paar Zeilen geschrieben, die wir euch nicht vorenthalten wollen. Damit der volle Charme und Witz nicht verloren gehen, belassen wir sie im englischen Original.

„

Don't read it; try it! And you will experience just how liberating, energizing, and empowering these toppings are.

“

To all my agile, non-agile, playful, serious, and seriously playful friends and friends to be,

I really enjoyed reading and applying "Team Toppings: 21 Lernhacks for agile working" by Franziska Schleuter, Patrick Schuder, Jan Schönfeld, and Thomas Tillmann. And let me tell you, these four crazy cats crafted a true game-changer! It contains 21 Lernhacks to foster a learning-rich environment. These Lernhacks change how we learn and work in the digital age.
The most impressive aspect of this book is the merging of work and learning. Who knew those two crazy kids could get along so well? It's like playing the tuba while learning how to tap dance at the same time. Wait, has anyone tried that? Might be fun.

Collaborative learning is the standard in agile work. The authors demonstrate that inspirational and empowering learning formats can be established in formalized work. I particularly enjoyed the simple but effective plays, routines, and tricks. This is what learning-rich work is all about. It's like stressfully eating a sandwich while rafting down a rapid with your team, contemplating the intricate complexities of all the possible ways the current and strokes affect your team's performance, and accidentally dropping a pickle... and then BOOM! You realize that the pickle is a manifestation of your subconscious mind, trying to tell you to ease up, enjoy the ride, trust your team, and just go with the flow! These learning hacks are like pickles. They're small, easy to digest, and make your brain all tangy and fresh. That's if you like pickles, of course. Oh, and they make for a great topping on ice cream.

Yes, "Team Toppings" is not just another book on agile working. Don't read it; try it! And you will experience just how liberating, energizing, and empowering these toppings are.

So if you find yourself in a pickle and you want to merge the worlds of work and learning, just tap your feet and blow the tuba. Oh, where was I?

I mean, of course, just buy this incredible book already!

I highly recommend "Team Toppings" to anyone looking to accelerate their team's creativity and growth and have a bit of fun while doing all that.

Creatively yours,
Sjoerd Nijland

Author of
The Scrum Master Playbook.[14]

06 Der Wächter der Erdmännchen

Das Sprint-Ziel im Blick

Verortung in Scrum

Daily Scrum

Wertbeitrag

Verantwortung stärken

Lernmoment

Im Daily Scrum wird regelmäßig überprüft, ob das Team noch auf das Sprint-Ziel fokussiert ist und die Tätigkeiten der einzelnen Teammitglieder hierzu einen echten Beitrag leisten. Die Antworten auf die drei Standardfragen werden dabei oft gebetsmühlenartig wiedergegeben:

- „... seit dem letzten Daily Scrum habe ich dieses und jenes gemacht ..."
- „... bis zum nächsten Mal muss ich noch Folgendes erledigen ..."
- „... behindert hat mich eigentlich nichts ..."

Und schon ist es passiert: Das Daily Scrum verkommt zu einem reinen Status-Meeting, und das Interesse an dieser Routine schwindet unweigerlich. Damit einher geht auch der Sinn für die gemeinsamen Tätigkeiten leicht verloren, da dieser durch die gestanzten Antworten kaum mehr Beachtung findet.

Idee

Doch dem kannst du entgegenwirken: mit einem aufmerksamen Wächter des Daily Scrum! Steuert der Wächter weg von den reinen Statusmeldungen hin zu dem Bewusstsein, dass hier an einem gemeinsamen Plan – dem Sprint-Ziel – geschmiedet wird, stärkt dies die kollektive Verantwortung im Team für das Ergebnis. Mit der Änderung kleiner Formulierungen wird jedem klar, dass gemeinsam an etwas Größerem gearbeitet wird und die eigenen Bausteine darauf einzahlen müssen. So wie es in einer Gruppe Erdmännchen immer einen Wächter gibt, der darauf achtet, was in der Umgebung passiert, und bei Gefahr die anderen warnt, so kann diese Rolle auch im Team etabliert werden. Sobald die Gefahr lauert, dass das Sprint-Ziel aus den Augen verloren wird, warnt der Wächter seine Kollegen und es wird gemeinsam hinterfragt, ob der aktuelle Statusbericht förderlich für das gemeinsame Sprint-Ziel ist.

So geht's

Ein Teammitglied wird zum Wächter des Daily Scrum ernannt. Die Aufgabe des Teams ist es, die Wächterin mit den nötigen Informationen zu versorgen.

Fällt im Daily Scrum auf, dass in der Runde unklar ist, wie die einzelnen Status-Reports zum Sprint-Ziel beitragen, helfen folgende Satzschablonen:

- ... mit Blick auf das Sprint-Ziel ... habe ich erreicht ...
- ... mit Blick auf das Sprint-Ziel... will ich als Nächstes auch erreichen ...
- ... mit Blick auf das Sprint-Ziel ... behindert mich ...
- ... mit Blick auf das Sprint-Ziel ... benötige ich noch ...

Booster

Am besten rotiert diese Rolle durch das Team. So lernt jeder Teilnehmende, auf das Sprint-Ziel zu achten und damit die einzelnen Berichte zu hinterfragen.

Topping als Vorlage

Mit Blick auf das Sprint-Ziel …

- habe ich erreicht …
- will ich als Nächstes auch erreichen …
- behindert mich …
- benötige ich noch …
- …
- …

07
Double Checker
Lieber noch einmal nachgefragt!

Verortung in Scrum

Allgemein

Wertbeitrag

Verständnis klären

Lernmoment

Bist du dir sicher, dass jede Einzelne im Termin heute verstanden hat, was konkret zu tun ist? Denkst du, dass alle Teilnehmerinnen direkt mit der Umsetzung loslegen könnten, oder bleiben Fragen offen, die das Team bremsen werden? Vielleicht wurden diese Fragen auch nur nicht geklärt, da das Bewusstsein fehlte, dass überhaupt noch Details benötigt werden, oder nicht die passende Frage zu einem unklaren Sachverhalt formuliert werden konnte. Fehlte es vielleicht einfach an der Erfahrung, diese eine wichtige Frage zu stellen, die entscheidende Antworten liefert? Um das in Zukunft zu verhindern, helfen dir und deinem Team die Double Checker!

Idee

Paraphrasieren, Wiederholen und Spiegeln sind gängige Methoden, um individuelle Gedanken und Bilder in den Köpfen abzugleichen. Und genau das kannst du hier nutzen. Es wird ein Double Checker-Team gebildet, das während des Termins den Auftrag bekommt, Fragen zu stellen, die möglicherweise offen geblieben sind, bevor alle mit der konkreten Umsetzung loslegen. Hilfreich ist hier, wenn die Double Checker in ihrem Profil möglichst unterschiedlich sind, um sich in ihren Perspektiven zu ergänzen. Ein Duo besteht beispielsweise aus derjenigen, die am längsten im Team ist, und dem Kollegen mit der kürzesten Teamzugehörigkeit. Vielleicht ergeben sich aus deinem speziellen Kontext noch andere wertstiftende Kombinationen aus Teammitgliedern. Bei Scrum Teams kann dieses Topping z. B. in den wiederkehrenden Refinement-Terminen hilfreich sein, in denen die Items im Product Backlog genauer definiert und vom ganzen Team besser verstanden werden.

So geht's

Um niemanden unangenehm zu überraschen, wird zu Beginn des Refinements oder eures Termins ein Double Checker-Team bestimmt, das zu vordefinierten Zeitpunkten im Termin das Verstandene wiedergibt und auf Fragen aufmerksam macht, die eventuell noch ungeklärt sind. Das Team sollte aus mindestens zwei Personen bestehen, die sich während des Meetings untereinander absprechen. Achte dabei auf einen guten Mix:

- am kürzesten und am längstem im Team oder Projekt
- das fachlichste (Product Owner) und technischste (Developerin) Teammitglied
- mit der längsten und der kürzesten relevanten Berufserfahrung.

Bestimmt danach zusammen gute Zeitpunkte, um das Verstandene zu spiegeln und zu hinterfragen. Diese könnten sein:

- 15 Minuten vor Ende des Termins
- bei einem logischen Bruch zwischen mehreren Themen, etwa nach einem Product-Backlog-Eintrag
- nachdem eine offene Fragerunde beendet wurde.

Mit den folgenden Formulierungen spiegeln die Double Checker, was bei ihnen ankam und welche Fragen für sie noch offen sind:

- Das haben wir verstanden …
- Haben wir das richtig wiedergegeben oder fehlt etwas Entscheidendes?
- Die Essenz aus der Sammlung für uns ist …
- In unseren Worten ist der Auftrag …
- Wo wir uns noch unsicher sind, ist …
- Das sind noch offene Fragen, bevor wir in die Umsetzung gehen können …

Topping als Vorlage

Unserer Vereinbarungen und Regeln:

- ...
- ...

Double Checker 1

Double Checker 2

Beobachtungen

Fragen

Antworten und Vereinbarungen

08 Abzeichen sammeln

Zeige, was du gelernt hast

Verortung in Scrum

Sprint Review

Wertbeitrag

Verantwortung stärken

Lernmoment

Scrum bietet viele Gelegenheiten zum Lernen. Dafür gibt es in diesem Buch zahlreiche Team Toppings mit praxistauglichen Tipps und Tricks. So können Teams das Lernen bewusster in Scrum einweben und die Arbeit selbst lernreich werden lassen. So weit, so gut. Aber insbesondere durch das Bewusstmachen des persönlichen und kollektiven Fortschritts zünden ein Team und alle, die dabei sind, die Lernrakete.
Mithilfe dieses Toppings könnt ihr als Team die Sprint Reviews nutzen und die Fortschritte, die Einzelne oder das Team gemeinsam beim Lernen erreicht haben, mit Abzeichen sichtbar machen und feiern. Ihr selbst definiert, welche Abzeichen für welche Leistung vergeben werden. Und dann seid stolz darauf, was ihr erreicht habt.

Idee

Hinter diesem Topping verstecken sich zwei grundlegende Mechanismen des Lernens: Metakognition und Motivation.
Lernen wird umso wirksamer, wenn es nicht nur als Auseinandersetzung mit dem Inhalt erfolgt, sondern zugleich – auf einer Metaebene – als Reflexion darüber, was man lernen möchte und warum, wie man sich vornimmt zu lernen, wie sich der eigene Lernprozess gestaltet und wie man ihn noch besser gestalten könnte. Also das bewusste Einnehmen einer kritisch beobachtenden Perspektive auf die eigenen Denk- bzw. Lernvorgänge mit dem Ziel, die eigene gedankliche Auseinandersetzung sinnvoll zu steuern. Diese Metaebene erlaubt es, das eigene Lernen zu planen, den eigenen Lernfortschritt zu bewerten und ggf. Schlussfolgerungen für das weitere Vorgehen zu ziehen, den persönlichen Lerntransfer zu gestalten und das Lernvorhaben zu evaluieren. All das funktioniert auch auf der Teamebene. Die bewusste Auseinandersetzung mit dem „Was haben wir wie und warum erreicht?" sollte als zentrales Element von Review-Gelegenheiten eingeführt werden, um dem Lernfortschritt die Aufmerksamkeit zu geben, die er verdient und die erwiesenermaßen selbst schon effektives Lernen ist.
Dieses Vorgehen korrespondiert mit der Lernmotivation, einem der wichtigsten Aspekte beim Lernen. Motivation kann durch Belohnungen gesteigert werden. Natürlich sind einfache Belohnungen, vor allem externe durch Dritte, langfristig wenig wirkungsvoll. Aber Belohnungen können auch werthaltig sein, indem sie möglichst persönlich, wertschätzend und zum Entwicklungsstadium der Person oder des Teams passen. Es geht bei diesem Topping also darum, für das Team und alle Mitglieder Abzeichen zu entwickeln, deren Erreichen durchaus anspruchsvoll, aber realistisch ist. Und die mit der Arbeit im Projekt unmittelbar zusammenhängen. Diese Abzeichen sind sowohl Zeichen der Entwicklung als auch Belohnung und Ansporn für mehr.

So geht's

1. Definiert gemeinsam sogenannte Abzeichen, die Mitglieder des Teams erringen können. Beschreibt diese und definiert für das Erreichen die entsprechenden Kriterien.
2. Gestaltet nun die entsprechenden Abzeichen, sowohl für Team- wie auch für Einzelerfolge. Der Fantasie sind keine Grenzen gesetzt. Je schräger, desto besser.
3. Legt außerdem fest, wer über die Abzeichen wacht und die Verleihungszeremonien durchführt.
4. Findet einen gemeinsamen Ort (analog oder virtuell), an dem die Badges sichtbar gemacht werden; z. B. an einer Wall of Fame in der gemeinsamen Kaffeeküche.
5. Nutzt das Topping auch in Team Retrospectiven: „Welche Leistungen haben ein Badge verdient?"

Topping als Vorlage

Wir haben für dich und das Team aus unserer Sicht zehn zentrale Badges definiert und jeweils individuell mit Liebe zum Detail designt.

Goal Getter

Du bist in der Lage, eigene Lernziele im Team zu identifizieren und erfolgreich im Sprint zu erreichen.

Road Master

Wir haben unser erstes Sprint-Ziel erreicht.

Qualitätsfreund

Wir haben das erste Mal unsere Definition of Done aktualisiert.

Freiläufer

Wir haben unsere erste Sprint Retrospective ohne unseren Scrum Master selbstständig moderiert.

Teamplayer

Wir haben einen Konflikt im Team offen angesprochen und uns überlegt, wie wir in Zukunft mit ähnlichen Situationen umgehen wollen.

Finisher

Wir haben einen ersten wichtigen Meilenstein (z. B. wichtiges Release, Produkt-Ziel etc.) erreicht.

Reflektierer

Wir haben im Sprint Review offen kommuniziert, dass wir unser Sprint-Ziel nicht erreicht haben.

Kundenkontakter

Unser Team hat mit einem direkten Endkunden ein Interview durchgeführt, und wir haben gemeinsam darüber reflektiert.

Backlog Lover

Wir haben als Team das erste Mal gemeinsam an einem Product Backlog Item gearbeitet (z. B. Pair Programming).

Wall Climber

Wir haben als Team ein Impediment gelöst.

09 Schlauchboot-fahrt

Manövriere dich zum Meeting-Ziel

Verortung in Scrum

Sprint Planning

Wertbeitrag

Verständnis klären

Lernmoment

Das Sprint Planning steht bevor, und du erstellst eine Agenda, um mit dem Team das Sprint-Ziel zu definieren. Außerhalb von Scrum-Routinen kann es jeder Besprechungstyp sein, der richtungsweisend für ein Team ist. Sei es in Konfliktsituationen oder in Planungsrunden. Das Team arbeitet kollaborativ an einem Thema und sitzt damit sozusagen in einem Boot. Um zusammen durch Strömungen zum Ziel zu gleiten, müssen Fragen gestellt werden, die mögliche Hindernisse rechtzeitig erkennen lassen bzw. Indikatoren für einen erfolgreichen Weg sind.

Idee

Notiere vor dem Sprint Planning oder Meeting Fragen, die das Team besprechen soll. Achte auch auf die Reihenfolge, in der die Punkte besprochen werden sollen. So stellst du sicher, dass die gemeinsame Zeit effektiv genutzt wird. Währenddessen hast du mit dem „Boot" ein Bild zur Hand, das es dir erlaubt, immer wieder sicherzustellen, dass noch alle Teammitglieder an Bord sind.

So geht's

Visualisiere einen Fluss mit Steinen, die Hindernisse darstellen. Die Steine verkörpern Fragen, die während des Meetings geklärt werden sollen. Auf dem Fluss schwimmt ein Schlauchboot, in dem das Team sitzt. So kannst du nach jedem steinigen Hindernis im Team abfragen, ob noch alle im Boot sitzen oder Einzelne in die Fluten gestürzt sind oder etwas verloren am Ufer stehen und eine Einstiegshilfe benötigen.

Hier ein paar Fragen, die euch abhängig vom Ziel des Meetings helfen können.

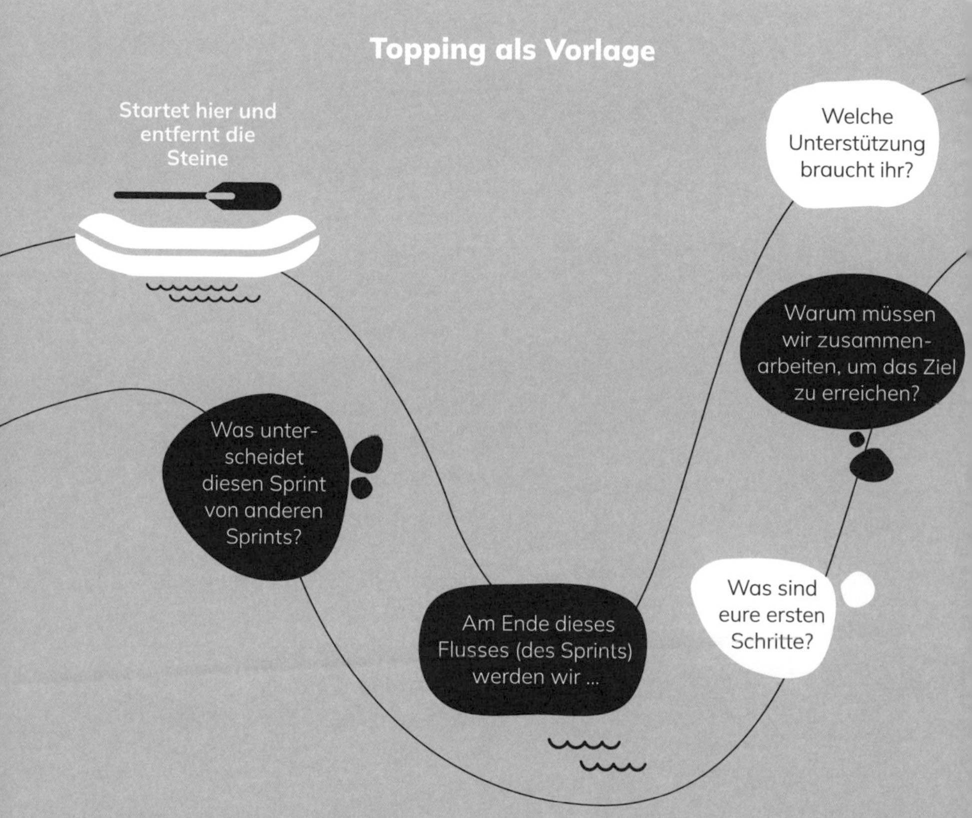

Für das Sprint Planning
Meetings außerhalb von Scrum-Routinen
Was braucht es, damit hier alle noch im Boot sitzen?
Was sind die Zweifel?
Was haben wir nach diesem Meeting erreicht?
Auf welche Weise könnten wir herausgefordert werden?
Warum lohnt es sich, diesen Fluss (diesen Sprint) zu befahren?
Was sind die individuellen Ziele?
Wie können wir unsere Fortschritte auf dem Weg zum Ziel sichtbar machen?
Wie können wir uns gegenseitig dabei unterstützen, diese Herausforderungen zu meistern?
Wie werden wir wissen, wann wir das Zeil erreicht haben?

Lohnt es sich überhaupt zu lernen, wenn Maschinen ohnehin schneller, einfacher, nachhaltiger – kurz: besser – lernen als Menschen? Und wenn ja, was lohnt es sich zu lernen und wie kann das aussehen?

Der Durchbruch der Künstlichen Intelligenz, die mit Produkten wie ChatGPT auf einmal für alle greifbar wird, spült Gewissheiten dahin: Nicht nur stumpf repetitive Aufgaben werden von der KI schneller und zuverlässiger erledigt als von Menschen, sondern gerade auch hoch anspruchsvolle Aufgaben:

- KI interpretiert CT-Aufnahmen besser als die erfahrensten Radiologen,
- sie kann die Statik von Gebäuden besser prüfen als hochqualifizierte Statikerinnen oder
- juristische Schriftsätze mit höherer Erfolgsaussicht generieren als Fachanwälte.

Selbst die souveräne Beherrschung diverser Programmiersprachen ist keine Zukunftsverheißung mehr, sondern erscheint als fast so überkommene Kompetenz wie Schönschrift in Sütterlin, wenn ChatGPT auf ein paar Anweisungen hin selbstständig Apps programmiert oder Fehler in Code findet.

Je schneller Maschinen lernen, desto deutlicher schälen sich aus der Flut von all dem, was wir lernen könnten und vielleicht auch sollten, die komplexen Kompetenzen heraus, deren Wert (zumindest auf absehbare Zeit) bleiben oder noch wachsen wird:

- Kinder erziehen und in die Eigenständigkeit begleiten,
- empathisch Patientinnen und Patienten begleiten und medizinisches Wissen in ihren Erfahrungshorizont übersetzen,
- Klientinnen im Wissen um die juristischen Implikationen von der Klage abhalten und jenseits aller Emotionen den Raum für eine gütliche Einigung ausloten,
- politische Entscheidungen mit Weitsicht fällen und Verantwortung übernehmen,
- ingeniös mit einem Hack die Waschmaschine doch wieder ans Laufen bringen,
- im Kreis von Freundinnen und Freunden selbst Musik machen und Gemeinschaft erleben,
- Teams mit diversen Erfahrungen und Kompetenzen unterstützen, Potenziale zusammenzuführen und auf ein gemeinsames Ziel zu lenken,
- andere coachend dabei begleiten, sich kontinuierlich weiterzuentwickeln,
- ....

Lohnt es sich überhaupt zu lernen?

Je stärker wir den Begriff des Lernens entkleiden vom Kleinklein nur scheinbarer Kompetenzen, die in Wahrheit eher Ergebnis relativ stupiden Faktenlernens oder erfolgreicher Konditionierung sind, desto klarer wird der Sinngehalt des Lernens für uns: Solche „echten", bleibenden Kompetenzen lassen greifbar werden, dass Lernen damit einhergeht, sich selbst als selbstwirksam zu erfahren.

Wie die Musikkultur durch das Aufkommen von Grammophon und Radio nicht versiegte, sondern das Live-Erlebnis überhaupt erst geschaffen wurde, weil es auf einmal als kontingent wahrgenommen wurde und in seiner Besonderheit sich von der „Konserve" abhob, oder wie bildende Künste durch Gebrauchsphotographie sich von der Nutzlast der praktischen Notwendigkeiten befreien konnten, wird sich durch machine learning unser menschliches Lernen in seiner besonderen Qualität und in seinem Potenzial für persönliches Glück erst herausschälen. Vielleicht jedenfalls.

10 Meeting-Touristen in Aktion

Jeder Beitrag zählt

Verortung in Scrum

Sprint Review

Wertbeitrag

Verständnis klären

Lernmoment

Kennst du sie, die Teilnehmenden in Meetings, deren Beitrag gegen null geht? Auch bekannt als die „Meeting-Touristen"? Sie sind anwesend, beobachten interessiert die Szenerie, doch ein Beitrag zum Ziel des Meetings ist kaum bis gar nicht greifbar? Fühlst du dich vielleicht sogar selbst manchmal so, weil du eingeladen wurdest und zu spät hinterfragt hast, was deine Rolle sein soll und warum du involviert bist? Dieses Phänomen beobachteten wir besonders oft in Sprint Reviews, zu denen einige Stakeholder zusammengetrommelt werden, um das bisherige Ergebnis zu diskutieren. Zusammen sollte das Team sich für das Ergebnis verantwortlich fühlen, gute wie schlechte Aspekte diskutieren und einen Auftrag für die folgenden Meetings mitnehmen. Der Meeting-Tourist wird die Geschehnisse passiv, im besten Falle noch interessiert, betrachten, wie es bei einer mittelmäßigen Sehenswürdigkeit der Fall ist. Damit sich in Zukunft jeder seiner Bedeutung für ein Meeting bewusst ist und einen sinnvollen Beitrag leistet, unabhängig von Rolle, Vorbereitung und inhaltlicher oder technischer Tiefe, kannst du die Teilnehmenden auf ihrer Tour begleiten und sie in Aktion bringen.

Idee

In den Meetings sind sich alle Teilnehmenden ihres eigenen Beitrags bewusst und können diesen zu Beginn artikulieren: „Mein heutiger Beitrag in diesem Meeting ist …“ Das Ganze kannst du als Organisator steuern, indem du die Teilnehmer spezifische Perspektiven einnehmen lässt, die für dein Meeting zielführend sind.

Solltest du selbst Teilnehmende und nicht Organisatorin sein, kannst du diese Vorschläge trotzdem für dich nutzen und dir vor dem Termin überlegen, wie dein persönlicher Beitrag aussehen könnte. Fällt dir auf, dass sich ein Tourist eingeschlichen hat, gib ihm gerne Tipps, wie er mit simplen Vorsätzen seine Rolle beim nächsten Meeting zielführender wahrnehmen kann.

Topping als Vorlage

Typ 1: der Euphorische

Ist schwer verliebt in das Gesehene und kann es kaum erwarten, das viele Positive aufgeregt und euphorisch mitzuteilen. Mit einem leicht verklärten Blick liegt hier der Fokus auf dem bereits Geschafften.

Dieser Typ würde Fragen stellen wie:

- Was kann ich tun, damit es noch besser wird?
- Wer muss das Ergebnis unbedingt sehen, weil es so spitze ist?
- Was können wir machen, damit hier weiter so gute Arbeit geleistet wird?

So geht's

Überlege dir, welchen Input du dir von den Teilnehmern eines Meetings erwartest. Sind dazu alle nötigen Input-Geber bereits geladen oder fehlen womöglich wichtige Personen? Sind alle an Bord, gehe die Perspektiven durch, die den Input generieren können, der dir helfen wird. Welche Art von Feedback wird benötigt, wenn ihr bspw. ein Sprint Review vor euch habt: eher ein wohlwollendes, weil ihr bewusst einen Durchstich erprobt habt, oder geht es um die letzten 10%, die es noch herauszuholen gilt, um aus eurem Produkt eine echte Sehenswürdigkeit zu machen?

Darüber hinaus kannst du ein digitales Check-in-Board nutzen, auf dem sich die Teilnehmenden zu Beginn positionieren können. Eine Variante könnte auch sein, dass die Teilnehmenden die Perspektiven während des Meetings tauschen oder jeder jede Perspektive einmal einnimmt. Hauptsache ist: Jeder wird zu Aktivität ermutigt.

Solltest du nicht der Organisator sein, sondern Teilnehmer, frag nach, was die Erwartung an deine Teilnahme ist und welcher Input von dir benötigt wird, sollte dies nicht 100% klar sein. Spiele auch bewusst mit dem Perspektivenwechsel der fünf Meeting-Tourismus-Typen.

Verschiedene Meeting-Perspektiven oder auch die „fünf Meeting-Tourismus-Typen“:

? ?

Typ 2: die Hinterfragende

Interessiert sich für die Hintergründe des Entstehens und nimmt nicht alles sofort für bare Münze. Dieser Typ will die Fakten kennen, sie für sich einsortieren und geht beim Fragen analytisch vor, um dem Ganzen auf den Grund zu gehen.

Dieser Typ würde Fragen stellen wie:

- Was genau muss ich eingeben, um ein Ergebnis zu bekommen, das sich wie zusammensetzt?
- Wozu wurde das gebaut und zu wie viel Prozent ist das Ziel erfüllt?
- Braucht es noch weitere Schritte, um das Ganze so nutzen zu können, wie ich es jetzt sehe?

Topping als Vorlage

Typ 3: der Daheim-ist-alles-besser-Typ

Ist kein großer Freund von Veränderungen und sieht dabei gerne die Hürden und Risken, die auf einen zukommen. Und wenn Veränderung, dann muss es aber bitte wirklich besser sein als zuvor und perfekt darf es gerne auch werden. Dieser Typ blickt auch oft etwas kritisch auf diejenigen, die zu viel Energie von ihm fordern, um Neues zu gestalten. Denn wieso viel Energie verschwenden, wo es doch so auch schon gut geht?

Seine typischen Fragen wären:

- Was daran hilft jetzt den Nutzern und was davon betrifft mich ganz konkret?
- Ist das nicht zu viel Aufwand für das Outcome?
- Sollten wir uns nicht zuvor um die Hürden kümmern, bevor wir hier weitermachen?

Typ 4: der Wohlwollende

Freut sich auf das, was kommt, und ist mit positiver Energie dabei. Denkt dabei gerne kreativ und integrativ mit. Diesem Typen ist wichtig, dass das Ergebnis behütet behandelt wird und sich alle damit wohlfühlen.

Dieser Typ würde Fragen stellen wie:

- Wie können wir das nun nutzbar machen?
- Was braucht es noch, damit sich alle mit dem Ergebnis wohlfühlen?
- Was braucht es als Nächstes, sodass wir dem Gesamtergebnis näherkommen?

Typ 5: die Konsumentin

Wartet, bis die Show beginnt. Hört geduldig zu, stellt reine Verständnisfragen, um zum Schluss einen zusammenfassenden, oft wertenden Satz zu sagen, wie „Ist ja gar nicht so schlecht geworden".

Die Konsumentin hinterfragt Folgendes:

- Kannst du bitte nochmal zeigen, wie das funktioniert?
- Habe ich richtig verstanden, dass ...?
- Ist dies das Endergebnis oder wird da noch etwas dran gemacht?

Wünschst du dir noch mehr Typen?
Dann ergänze das Set und mach es zu deiner Liste.

Typ 6: ...

...

...

- ...
- ...
- ...

11 Expectation Cards

Macht sie sichtbar, eure Erwartungen

Verortung in Scrum

Allgemein

Wertbeitrag

Verständnis klären

Lernmoment

„Das habe ich aber anders erwartet!" oder: „Das wurde mir so nie kommuniziert!" – Da scheint Ärger in der Luft zu liegen, weil Erwartung und Ergebnis divergieren. Oft werden Erwartungen erst dann thematisiert, wenn das Ergebnis diesen nicht entspricht, anstatt das konkrete Formulieren und Austauschen darüber im Team als laufenden Kommunikationsprozess zu etablieren. Mit diesem Team Topping kannst du es schaffen, aus einem womöglich konfliktbehafteten Prozess ein spannendes Dating-Format zu machen, in dem alle im Team gemeinsam gegenseitige Erwartungen erforschen.

Idee

Ähnlich wie bei einer Dating-App gibst du Erwartungen an dein Gegenüber an. Doch in diesem Fall auf einer haptischen Karte, die ihr später für alle sichtbar ausstellen könnt. Nach dem Formulieren deiner Erwartungen an deine Teamkolleginnen geht ihr paarweise auf Entdeckerreise, tauscht euch gegenseitig über die Inhalte aus und formuliert diese gegebenenfalls um. Habt ihr einen gemeinsamen Nenner gefunden, nutzt die Karten in zukünftigen Szenarien und nehmt eure Expectation Cards in kritischen Situationen, als Erwartungskonsens, wieder zur Hand. Achtet in Zukunft in Arbeitssituationen auf passende Gelegenheiten, um die Expecations Cards zu verbessern bzw. zu schärfen.

So geht's

Schritt 1:

Jedes Teammitglied bekommt genügend leere Expectation Cards zur Verfügung, um diese entweder für alle Teammitglieder und Stakeholder oder für eine geeignete Auswahl davon selbstständig auszufüllen. Dabei füllt ihr neben dem Namen die folgenden fünf Fragen aus:

1. Was ist mir an unserer Zusammenarbeit wichtig?
2. Welche Unterstützung brauche ich von dir?
3. Was sind meine Bedenken?
4. Was kannst du von mir erwarten?
5. Was ist mein Vorschlag, wenn es mal zu Schwierigkeiten zwischen uns kommt?

Wenn euch in eurem Kontext noch weitere sinnvollen Fragen einfallen, nehmt sie in euer Template auf.

Schritt 2:

Jetzt geht es los mit dem Expectation Dating, in dem die gegenseitigen Erwartungen zusammen erforscht werden. Rotiert dafür die Paare so oft durch, bis jeder all seine Karten, die er entweder selbst ausgefüllt oder ausgefüllt bekommen hat, besprochen hat. Nehmt euch pro Expectation Card genügend Zeit. Für den Fall, dass ein Dating-Paar Inhalte umformulieren möchte, solltet ihr noch unausgefüllte Exemplare der Expectation Cards zur Verfügung haben.

Schritt 3:

Überlegt euch, was ihr mit euren Ergebnissen machen wollt. Ihr könnt diese etwa offen aushängen, sodass ihr sie immer vor Augen habt. Oder aber ihr legt sie an einem für euch geeigneten Ort ab und geht sie in einem regelmäßigen Turnus durch, um eure Erwartungen zu aktualisieren. Beispielsweise könnt ihr alle drei Monate ein Retro-Special machen und die Expectation Cards neu bewerten oder mit neuen Teammitgliedern erstellen. Doch vor allem denkt an eure Cards in kritischen Situationen und nutzt sie als Basis für ein Gespräch, in dem es um erfüllte oder unerfüllte Erwartungen geht.

Topping als Vorlage

EXPECTATION CARD

Erwartungen

von …
an …

Working tasks: ________________

1. Was ist **mir** an unserer Zusammenarbeit **wichtig**?
2. Welche **Unterstützung** brauche ich **von dir**?
3. Was sind **meine Bedenken**?
4. Was kannst du **von mir erwarten**?
5. Was ist **mein Vorschlag**, wenn es mal zu **Schwierigkeiten** zwischen uns kommt?

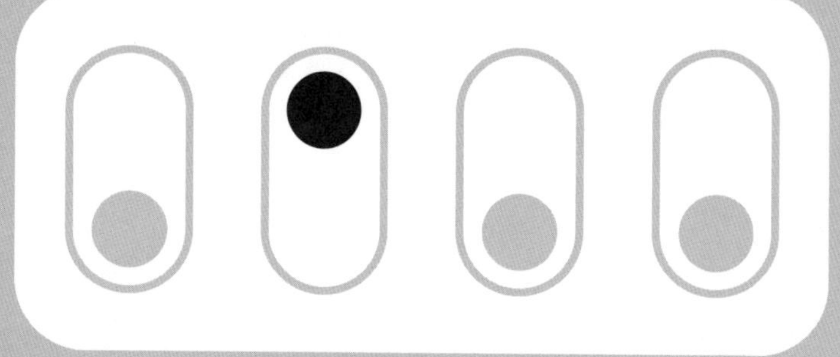

12
Am Schaltpult
Stell die Weichen in Richtung Kommunikation

Verortung in Scrum

Impediments

Wertbeitrag

Probleme lösen

Lernmoment

Ein Team stößt im Alltag öfter auf Probleme oder Hindernisse, die es allein nicht lösen kann oder die von größerer Kritikalität sind (z. B. entscheidende Ziele gefährden). In Scrum wird hier von Impediments gesprochen, also Herausforderungen, für die das Team zusätzliche Unterstützung von außen benötigt. Doch ist es manchmal nicht trivial, diese Probleme konkret kommunizierbar zu machen. Aus unserer Erfahrung haben wir „Problem-Kategorien" extrahiert, die immer wieder im Zusammenhang mit Impediments aufgetaucht sind. Diese Kategorien machen die Herausforderungen verständlich und können gute Hinweise für die Priorisierung geben. Da deren Wirkung unterschiedlich stark ausfällt, kann man die Bewertung der Impediments anhand der Kategorien wie ein Schaltpult interpretieren, bei dem die Schieberegler richtig eingestellt werden müssen, um die Gesprächspartner zu erreichen.

Idee

Entwickelt für die Impediments oder teamunabhängige Hindernisse ein Schaltpult mit allen wichtigen Informationen, um Transparenz für die beteiligten Parteien zu schaffen. Überlegt euch dazu die Kategorien für die Schieberegler am Schaltpult, an denen ihr drehen oder schieben könnt.

So geht's

Das Schaltpult ist eine Vorlage, in der das Team bestehende Hindernisse von mehreren Seiten beleuchten kann, um die Kommunikation zu den Personen zu vereinfachen, die bei der Beseitigung des Problems helfen können. Zugleich lernt das Team das Hindernis besser kennen. Also nehmt euch die abgebildete Vorlage und beantwortet zu eurem Hindernis die folgenden Punkte:

1. Aussagekräftiger Titel des Hindernisses
2. Kurze Beschreibung des Hindernisses
3. Welche Kategorien sind betroffen?
4. Die Schieberegler gehen von niedrigem Impact des Hindernisses bis zu hohem Impact. Je nachdem, wie stark diese Kategorie auf euer Vorhaben bzw. eure Ziele einwirkt, setzt den Regler.
5. Manche Kategorien sind Ja-/Nein-Regler (wie etwa in unserem folgenden Beispiel, ob Prozessanpassungen zu machen sind).
6. Ideen für mögliche Lösungsansätze

Topping als Vorlage

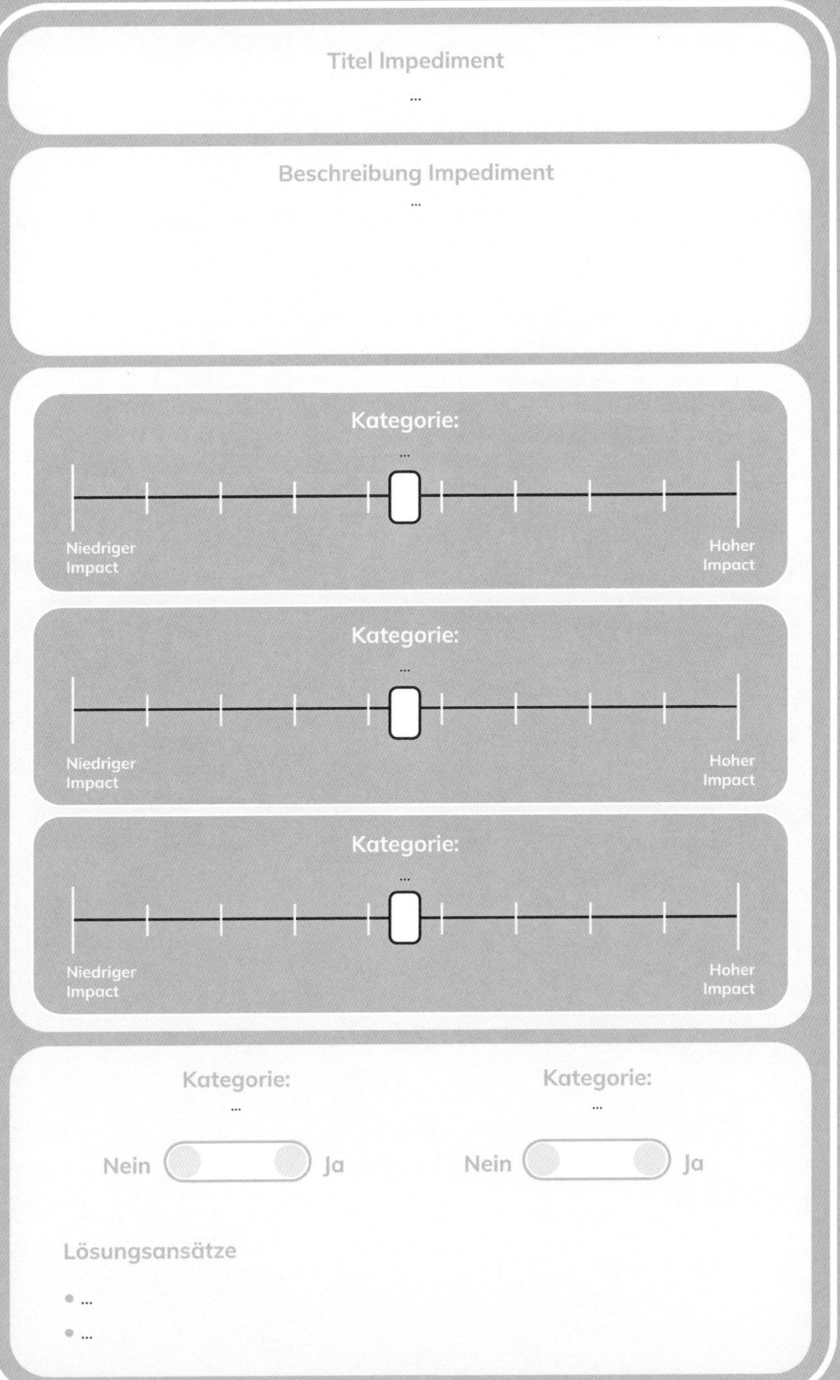

Beispiel

Titel Impediment

Langwieriger Freigabeprozess UX-Tool (Onboarding)

Beschreibung Impediment

Unser Team arbeitet sehr viel mit einem bekannten UX-Tool, mit dessen Hilfe wir Prototypen bauen, die dann für die weitere Entwicklung und auch die Erreichung unserer Sprint-Ziele benötigt werden.

Wenn wir neue Teammitglieder bekommen und neue Accounts brauchen oder Rechte im Tool ändern wollen, sind wir aktuell auf ein anderes Team mit Admin-Rechten angewiesen. Häufig kommt es in dieser Situation zu mehreren Tagen Verzögerung, bis unser Team wieder vollumfänglich mit dem Tool arbeiten kann.

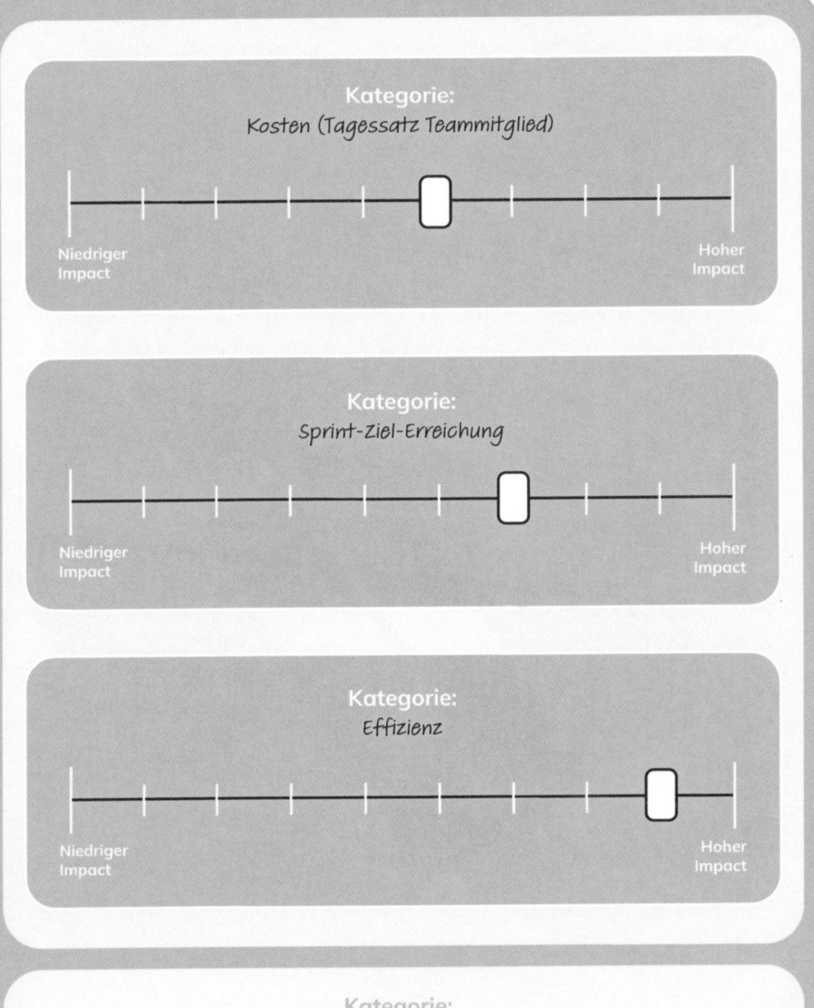

Kategorie:
Prozessanpassung notwendig?

Nein Ja

Lösungsansätze

- Wir bekommen im Team einen Admin-Zugang.
- Unsere Anfragen bekommen eine höhere Prio oder werden an anderer Stelle bearbeitet.

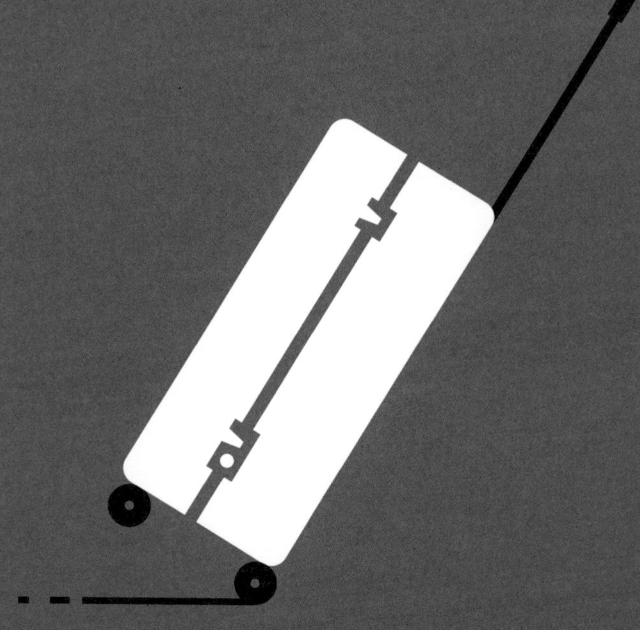

13 Wir packen unseren Koffer und nehmen mit …

Verortung in Scrum

Sprint Planning

Wertbeitrag

Probleme lösen

Lernmoment

Schon einmal am Check-in-Schalter im Flughafen einer Familie dabei zugesehen, wie sie verzweifelt versucht, das Gepäck so auf die Koffer aufzuteilen, dass keine Zusatzkosten aufgrund des Gewichts entstehen? Schon Cäsar wusste, dass „divide et impera“ zum Erfolg führt, und jeder Zwangs-Umpacker wäre wohl voll mit ihm d'accord gewesen.

„Wie sollen wir das noch da reinpacken, ist doch viel zu groß!“ oder *„Ach kommt, da bekommen wir noch was unter! Kompression macht das Gepäck nicht leichter.“*

Unabhängig davon, ob die anfängliche Einschätzung berechtigt ist, sollte man eine grobe Gepäckliste zur Hand haben, um eine gute Nutzung des Stauraums nicht dem Zufall zu überlassen. In der Arbeit plant jedes Team, meist periodisch, seinen Arbeitsumfang, um Ziele zu erreichen. Scrum hat hier Sprints und ein dazu passendes Sprint-Ziel, um den Umfang der umzusetzenden Items für diesen Zeitraum zu planen. Mit diesem Team Topping lernt ihr, eure Einschätzung zu validieren, und bietet die Grundlage für ein zielführendes „Umpacken“.

Idee

Ihr baut euch einen virtuellen Reisekoffer, dessen Gepäckstücke die Dinge sind, die ihr auf die Reise mitnehmen wollt. Also beispielsweise eure Items, Tasks, Bugs oder Abhängigkeiten. Legt alles hinein, was ihr für euren Sprint-Trip plant. Mal sehen, ob ihr alles unterbekommt oder ob ihr umpacken solltet.

Fühlt sich nach Sammeln aller Gepäckstücke die Menge nicht richtig an, geht's ans Umpacken und ihr erarbeitet passgenau den Umfang eurer Planung und die Argumentation in Richtung Entscheider.

So geht's

Beginn der Packaktion:
Nehmt einen Zettel, digital oder analog, groß genug, um euren Umsetzungsumfang für den kommenden Sprint aufzuschreiben. Dieser Zettel ist ab jetzt euer Reisekoffer.

Schritt 1: beschreibt die Maße eures Koffers

◊ Beginnt mit äußeren Faktoren, welche die Größe des Koffers beeinflussen, sich also positiv oder negativ auf die Team-Kapazität auswirken. Das könnten z. B. sein:

- absehbar dezimierte Umsetzungszeit: Urlaub, Feiertage, Weiterbildung
- zu wenig Kapazität: krankheitsbedingte Ausfälle, anderweitige Aufgaben zu bearbeiten
- befürchtete und noch nicht eingeplante Komplexität der Items
- ungelöste Impediments oder Abhängigkeiten, die zuvor gelöst sein müssen oder euch während des Sprints ausbremsen können
- Flow-Gefühl nach vorangegangen Erfolgserlebnissen
- besonders fundierte Erfahrung mit anstehenden Themen
- Erfahrungswerte und Metriken aus der Vergangenheit, etwa Durchsatz aus den letzten Sprints
- weitere teamspezifische Dimensionen.

◊ Skaliert den Koffer basierend auf diesen Faktoren und „packt“ daraufhin eure bisher geplanten Items in den Koffer.

Beim Anblick von Koffer-Maßen und Gepäckstücken kann das „Zu-groß-“ oder „Zu-klein-Gefühl“ bereits verschwinden. Wenn das so ist, belasst den Umfang wie geplant und kehrt zurück zum Daily Business. Ihr habt ein gemeinsames Gefühl für Kapazität und Arbeitslast geschaffen und könnt euch in Zukunft darauf beziehen.

Ist der Koffer kurz davor zu platzen oder man würde ihn gar nicht schließen können, so geht es mit Schritt 2 weiter.

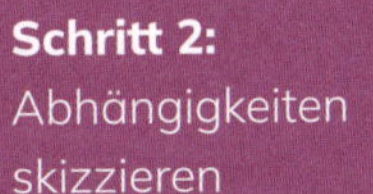

Schritt 2: Abhängigkeiten skizzieren

Macht Abhängigkeiten sichtbar, indem ihr zwischen eure bereits aufgeschriebenen Items Linien zieht, sollte man sie nicht unabhängig voneinander bearbeiten können. Muss zuerst Item X erledigt werden, bevor Item Y angegangen werden kann, so zeichnet einen Pfeil, der von X auf Y deutet.

Schritt 3: die Packliste definieren

Entscheidet nun, welche Items oder Tasks nicht mit in den Koffer kommen oder möglicherweise hinzugefügt werden könnten, damit der Umfang realistisch in euren Sprint-Koffer passt. Kreuzt diese entsprechend aus, wenn sie bereits im Koffer sind, oder fügt sie hinzu.

Behaltet dabei auch immer eure Ziele, in Scrum: euer Sprint-Ziel, im Auge und macht klar erkennbar, welche Items zum Erreichen des Ziels unbedingt notwendig sind. So könnt ihr auch Items identifizieren, die ihr möglichweise herausnehmen könnt.

Die Größe des Koffers sollte nicht mehr angepasst werden, auch wenn sich äußere Faktoren durch deren Abhängigkeit zu eventuell gestrichenen Items ändern. Es geht um ein gemeinsames Gefühl.

Schritt 4: weitere Planung

Überlegt nun, welche Folgen diese Änderungen für die weitere Planung und eure Backlogs haben, und passt die zukünftigen Schritte entsprechend an. Solltet ihr diese optimierte Planung kommunizieren müssen, habt ihr eine gut fundierte Begründung mit Abhängigkeiten und äußeren, nicht beeinflussbaren Faktoren in den vorherigen Schritten erarbeitet. Ein übersichtliches Bild ist hier immer besser zu verargumentieren als ein flaches Backlog und bietet den Beteiligten außerdem einen grafischen Überblick.

Beispiel

Unser Koffer für Sprint 4

Sprint-Ziel:
Es ist möglich, nach Produkten auf unserer Website zu suchen

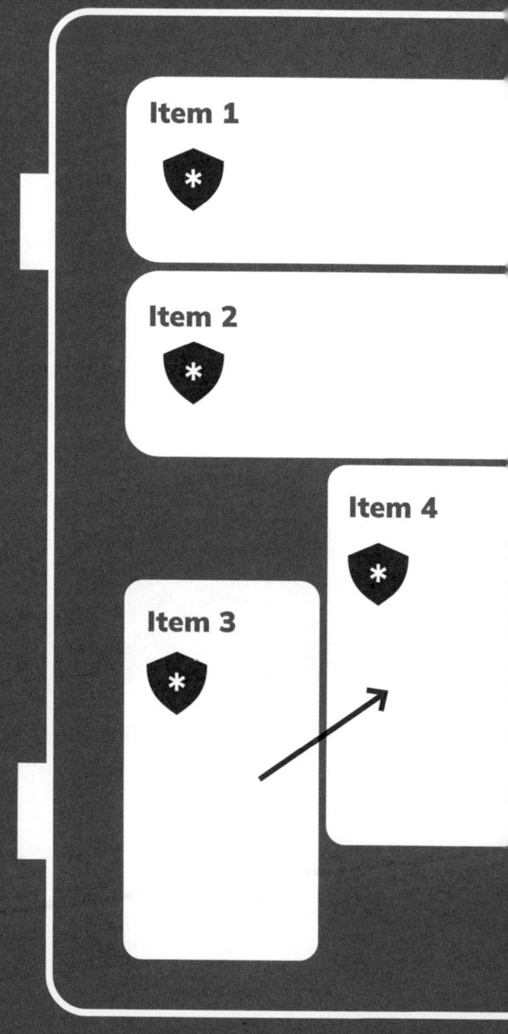

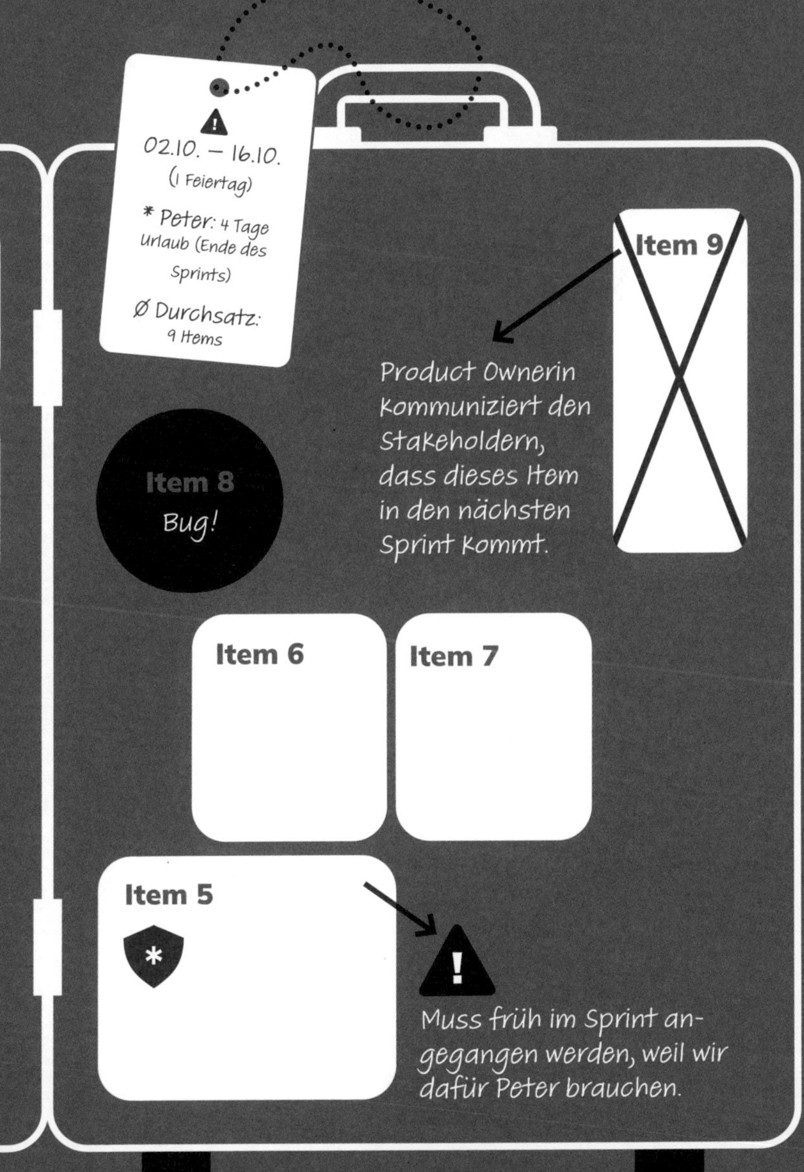
02.10. – 16.10.
(1 Feiertag)
* Peter: 4 Tage Urlaub (Ende des Sprints)
Ø Durchsatz: 9 Items
Item 9
Product Ownerin kommuniziert den Stakeholdern, dass dieses Item in den nächsten Sprint kommt.
Item 8
Bug!
Item 6
Item 7
Item 5
Muss früh im Sprint angegangen werden, weil wir dafür Peter brauchen.

14 Kriminalboard

Ermittle die Übeltäter, die Energie stehlen

Verortung in Scrum

Daily Scrum

Wertbeitrag

Probleme lösen

Lernmoment

In einem Kriminalfall ist im ersten Schritt nur eines sicher: Man muss sich Überblick über das große Ganze verschaffen, um den Fall zu lösen! Dazu nutzen die Ermittlerinnen ein Kriminalboard, um alle gewonnenen Indizien zusammenzutragen und Beziehungen zwischen ihnen herzustellen. Fotos, Notizen und die möglichen Verbindungen, um den Übeltäter zu überführen. Auch im Arbeitsalltag von Teams müssen manchmal prozessuale, fachliche oder technische Übeltäter identifiziert werden. Wenn Sprints ins Stocken geraten, kann durch das

regelmäßige und engmaschige Zusammenkommen im Daily Scrum schnell reagiert werden. Vorausgesetzt, das Team kennt das Gesamtbild und sieht die Verbindungen zwischen den Arbeitspaketen. Oft kommt es auch zu Abhängigkeiten zwischen einzelnen Items, die erhöhten Abstimmungsaufwand im Team bedeuten. Falls diese Abhängigkeiten nicht vermeidbar sind, ist es wichtig, sie schnell zu erkennen und damit umzugehen.
Aber Vorsicht: Oft sind auch die Übeltäter agil, was die Ermittlungen erschwert.

Idee

Sobald das Team bemerkt, dass Sand im Getriebe ist, sollte euer Daily Scrum zum Mittelpunkt der Ermittlungen werden, um Informationen aus verschiedenen Perspektiven zusammenzutragen. Erstellt in einem gemeinsamen Termin ein Kriminalboard und richtet den Fokus auf Verdächtiges und die Zusammenhänge, damit ihr entsprechend reagieren könnt. Sollte den Erfahrensten im Team bereits klar sein, was das Problem ist und wie es behoben werden kann, hilft es den anderen trotzdem, ein Bild davon zu bekommen, wo die Hemmnisse im Gesamtzusammenhang stecken: So lernen alle zum einen, wie man zu einer Lösung kommt, und zum anderen werden Informationen im Team ausgetauscht, die Einzelnen fehlten. Ziel ist es, dass alle Teammitglieder Schritt für Schritt bessere Problem-Ermittler werden.

So geht's

Baut euch in einem gesonderten Termin gemeinsam ein Kriminalboard nach Vorbild des Templates. Packt alle für das Problemfeld relevanten Items, Informationen, Notizen und Verbindungen auf das Board, um ein Gesamtbild zu erhalten, und skizziert die Zusammenhänge zwischen den Aspekten, etwa mit Verbindungslinien, Pfeilen oder Widerspruchsblitzen. Dabei teilen alle Teilnehmenden Informationen, auch wenn sie vielleicht erstmal nicht direkt Einfluss auf das Problem zu haben scheinen. Schnell kristallisieren sich die Hemmnisse heraus, die zum Stocken geführt haben. Das Team löst nun die Hemmnisse gemeinsam auf, wie einen Kriminalfall, bei dem der Täter eindeutig bestimmt ist. Ist das Board erstellt, könnt ihr es im Daily Scrum nutzen, um weiter daran zu arbeiten.

Beispiel

Ein gutes Beispiel für dieses Topping sind Abhängigkeiten zwischen Teams. Häufig scheint im Sprint Planning alles klar zu sein und das Team startet den Sprint mit der Erwartung, die vorgenommene Arbeit ohne größere Hürden bearbeiten zu können. Doch dann stellt sich im Daily Scrum heraus, dass noch ein anderes Team mit von der Partie ist, wenn es um eine bestimmte Aufgabe geht, und mit dieser Abhängigkeit ein Vorgehen geplant werden muss, damit das Team das Sprint-Ziel erreichen kann.

Topping als Vorlage

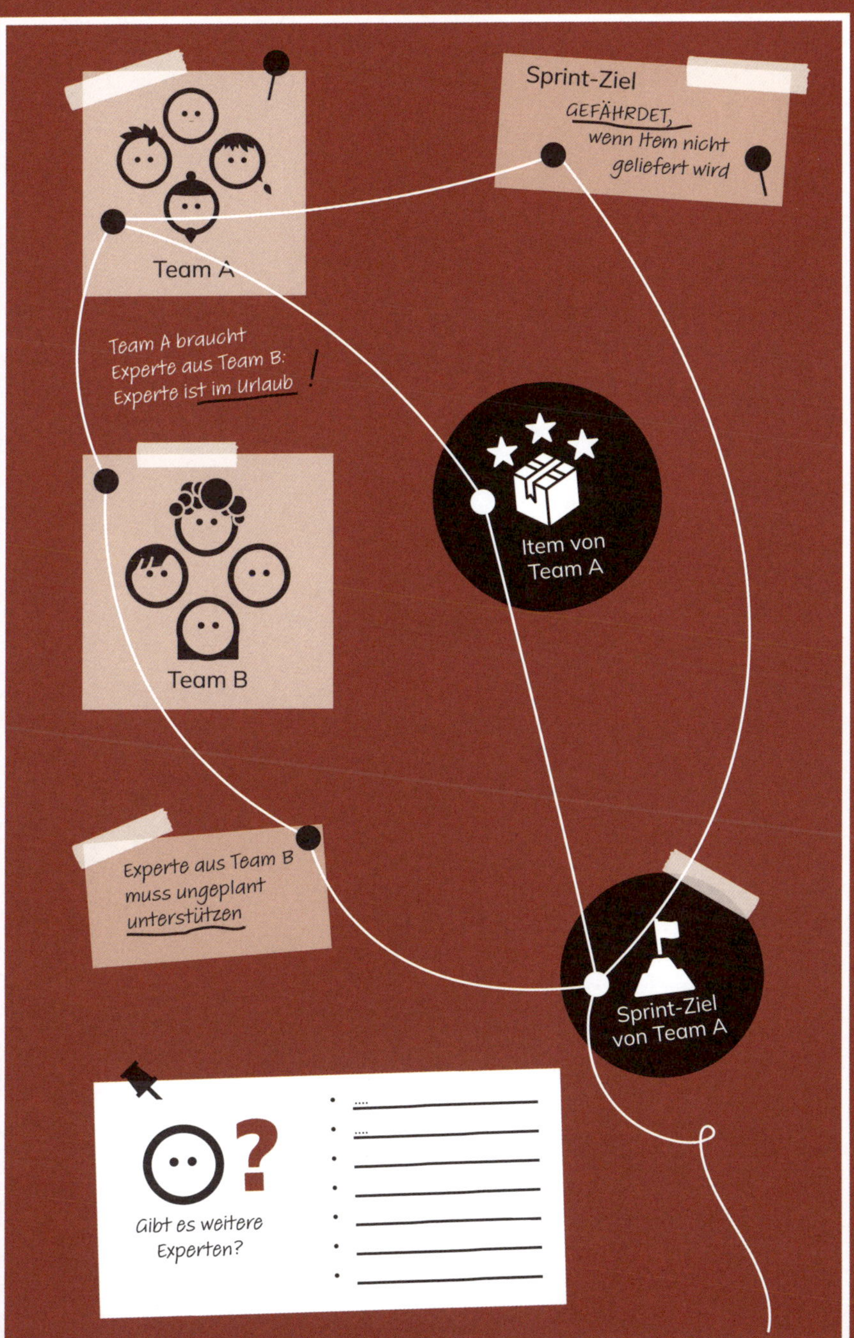

15 Superpower-Sprint

Werde zum Super-Sharing-Held

Verortung in Scrum

Sprint

Wertbeitrag

Wissen und Können aufbauen

Lernmoment

Wie spannend sind die Dinge, die andere wissen, aber man selbst noch nicht? Wie groß ist die Aufregung, wenn man Neues erfährt, das einem dann auch noch dabei hilft, sich zu entwickeln? Und wie stark wäre es, wenn in einem Sprint alle im Team ihr Wissen und ihre Fertigkeiten mit einem teilen würden, mit dem Ziel, das Team zum Glänzen zu bringen? In agilen Teams sind diejenigen Mitglieder die Heldinnen, die ihr Wissen weitertragen. Daher ist dieses Topping all den Superhelden gewidmet, die Informationen, Wissen und Können als Superpower im Team einsetzen.

Idee

Idee des Toppings ist es, einen Sprint bewusst dem zielgerichteten Verteilen von Informationen zu widmen, um zu informellen Hilfestellungen zu ermutigen und voneinander im Team zu lernen. Dabei geht es darum, möglichst viele Informationen und Vorgehensweisen bezüglich des Sprints auszutauschen, damit Wissen und Fertigkeiten im Team wachsen.

So geht's

Damit die Superpower ihre ganze Wirkung entfalten kann, muss sie der zielgerichteten Weiterentwicklung dienen. Die rechts aufgeführten Fragen aus dem Template sollte dazu jedes Teammitglied beantworten.

Topping als Vorlage

START

Was, bezogen auf den Sprint, interessiert mich gerade brennend und warum?

Was habe ich gerade gelernt und mit wem sollte ich das teilen?

Gibt es ein Teammitglied, dem ich bei etwas Bestimmtem im Sprint über die Schulter schauen möchte, um zu lernen?

Wem möchte ich bezogen auf den Sprint unbedingt etwas mitteilen?

Von wem kann ich das lernen, was mich gerade interessiert?

Welches bisher gehortete Wissen sollten für diesen Sprint alle im Team haben?

Agile Teams beschäftigen sich sehr intensiv damit, verschiedenste Kundenanforderungen zu realisieren, neue Produkte zu bauen oder bestehende Produkte weiter zu verbessern. Die Umgebung, in welcher das üblicherweise geschieht, ist häufig durch Rahmenbedingungen geprägt, die den Teams wenig Raum geben, um sich als Einheit bewusst weiterzuentwickeln und zu wachsen. Die Gründe hierfür können vielfältig sein und sind auch größtenteils sehr gut nachvollziehbar. Beispielsweise gibt es konkrete Erwartungen, wann ein bestimmter Umfang an Arbeit erledigt sein soll oder wie viel Budget zur Verfügung steht.

Mit dem vorliegenden Buch möchten wir den Teams da draußen helfen, trotz dieser Rahmenbedingungen Raum zu schaffen, um gezielt zu lernen und sich weiterzuentwickeln. Natürlich wächst ein Team vor allem durch die gemeinsamen Herausforderungen und Aufgaben. Wird dieser Prozess jedoch durch konkrete Impulse, wie beispielsweise unsere Team Toppings, zusätzlich gefördert, kann ein wirklicher „Lern-Booster" entstehen, der Teams auf ganz andere Ebenen der Reife und Erfahrung bringen kann. Aus unserer eigenen Erfahrung können wir sagen, dass gerade diese bewussten Impulse oft zu kurz kommen und es schwerfällt, den Wert solcher Aktivitäten deutlich zu machen, vor allem, wenn der Druck aufgrund von Deadlines oder anderer Erwartungen steigt.

Und genau hier setzen wir mit unseren leichtgewichtigen, gezielten und einfach im Alltag zu integrierenden Team Toppings an. Sie sollen den Teams helfen, mehr Kontrolle über ihr eigenes Lernen zu entwickeln und dadurch auch besser in dem zu werden, was sie tun. Das wiederum kann nachweisbaren positiven Einfluss auf das Ergebnis der Teamarbeit haben.

Wichtig ist in diesem Zusammenhang auch noch zu erwähnen, dass unsere Toppings wie Experimente zu betrachten sind. Nicht jedes Team wird mit jedem Topping etwas anfangen können, oder es stellt sich nach einer Testphase heraus, dass ein bestimmtes Topping keinen nennenswerten Mehrwehrt schafft oder einfach nicht zu den bestehenden Bedingungen passt. Das gehört dazu. Gleichzeitig werden Experimente nach und nach ein immer schärferes Bild geben, worin ein Team wirklich gut ist oder was es noch braucht, um besser zu werden. Die Toppings sollen auch dazu anregen, bestehende Dinge zu hinterfragen und, falls notwendig, anzupassen. Also eine Lernreise, auf der es viel zu entdecken gibt!

Und wie das bei Reisen so ist, werden auch unerwartete Dinge passieren, die manchmal überraschend, herausfordernd oder auch frustrierend sein können. Diese Dinge haben meistens jedoch eine Sache gemeinsam: Sie laden dazu ein zu wachsen!

Unser Vorschlag ist, gemeinsam zu erforschen, welche Toppings zum jeweiligen Team passen könnten und welche es dazu bringen, in einem gesunden Maß aus der Komfortzone zu treten. Wie können die Toppings bei der Bewältigung der aktuellen Aufgaben und Herausforderungen helfen und wie kann das Team damit zusammen immer besser werden?

„Agile Teams erleben ständig neue Situationen und Herausforderungen. Jede einzelne davon ist eine Einladung zum Lernen und zum Wachsen.“

Es macht einen großen Unterschied, ob ein Team die eigenen Lernprozesse selbst in die Hand nimmt oder darauf baut, dass die eigene Weiterentwicklung von selbst passiert bzw. durch die Führungskräfte der einzelnen Teammitglieder oder durch andere Hierarchieebenen ins Team getragen wird.

Wir freuen uns sehr, wenn unser Buch dazu beitragen kann, dass Teams das Thema Lernen durch das vorliegende Angebot an Toppings bewusst mehr in ihren Alltag integrieren und dadurch über sich selbst hinauswachsen.

Viel Freude und Erfolg auf dieser spannenden Reise!

16
Skippy
Arbeitet an Wissensinseln, bevor ihr stolpert

Verortung in Scrum

Sprint

Wertbeitrag

Wissen und Können aufbauen

Lernmoment

Genau wie die Probleme und Wünsche der Kundinnen sind die Anforderungen an ein Team meist sehr vielfältig, umfangreich und teilweise unpräzise. Kommt hinzu, dass ein solches Team auch noch möglichst unabhängig und selbstständig Wert in Form eines Produkts (z. B. Software) erzeugen soll, ist es empfehlenswert, dass alle Fähigkeiten, die hierfür notwendig sind, auch innerhalb des Teams selbst vorhanden sind. In vielen Teams, die gerade erst neu entstanden sind und noch dabei sind, sich zu formen, ist die erste größere Herausforderung, mit dieser Situation umzugehen und einen sinnvollen Ansatz zu finden. Auch eingespielte Teams sollten sich darüber im Klaren sein, dass sich Anforderungen ändern können und eventuell Anpassungen notwendig werden.

Zusätzlich kommt es fast in jedem Team irgendwann zu der Problematik, dass nur ein Teammitglied über bestimmte Fähigkeiten bzw. Wissen verfügt. Ist dieses Teammitglied aber durch Krankheit, Urlaub oder andere Gründe für das Team nicht verfügbar, kommt es schnell zu einer herausfordernden Situation, die möglichst schnell gelöst werden sollte.

Reagiert das Team in solchen Situationen erst, wenn ein Teammitglied tatsächlich nicht greifbar ist, ist es oft zu spät und es muss unter Verlust von Zeit, Ressourcen und Qualität improvisiert werden, indem das Team das Wissen beispielsweise aus anderen Teams anzapft oder spontan spezialisierte Freelancer anheuert. Jedoch sollte dieses Vorgehen in Anbetracht der Risiken nicht die Regel sein, so kann z. B. nicht sichergestellt werden, tatsächlich geeignete neue Kollegen einbinden zu können.

Idee

Optimalerweise sollten Abhängigkeiten von einzelnen Teammitgliedern innerhalb des Teams möglichst frühzeitig erkannt und angegangen werden. Und hier kommt unser Topping „Skippy“ ins Spiel.

Skippy soll dabei helfen, direkt beim Bemerken einer solchen Wissensinsel auf das Thema einzugehen und Optionen zur Reduktion der Abhängigkeiten zu klären.

Warum „Skippy“? Oft sind es Aussagen wie „Peter ist gerade nicht da. Lasst uns auf ihn warten, weil er sich damit besser auskennt“ oder „Claudia ist gerade im Urlaub. Wir können erst im nächsten Sprint damit weitermachen“. Das Team überspringt also einen Teil der weiteren Planung und Umsetzung und vertagt – also „skipt“ – sie auf einen späteren Zeitpunkt.

So geht's

1. Sucht euch einen Gegenstand, der euer Skippy werden soll. Das kann vor Ort beispielsweise ein Stofftier sein oder im virtuellen Raum eine Karte, die ihr in die Kamera haltet.
2. Jedes Mal, wenn einem Teammitglied auffällt, dass ihr eine laufende Planung oder Diskussion überspringt, weil Wissen oder Fähigkeiten fehlen, macht er oder sie mit Skippy darauf aufmerksam.
3. Nehmt euch als Team in diesem Fall ein paar Minuten, um über diese Beobachtung zu reflektieren, und besprecht, wie ihr damit umgehen wollt. Überlegt euch, wie kritisch diese Tatsache für eure weitere Planung ist und ob ihr das Wissen großflächiger verteilen solltet.

Topping als Vorlage

Mögliche Fragen, um die Beobachtung zu reflektieren:

1. Um welches Wissen bzw. welche Fähigkeit geht es gerade?
2. Wer fehlt aus dem Team, um weiterzukommen?
3. Wie kritisch schätzen wir das ein?
4. Wollen wir dieses Wissen bzw. diese Fähigkeit weiter im Team streuen?
5. Was sind hierzu die nächsten Schritte und wann besprechen wir diese?

Beispiel

Während eines Sprint Plannings wird ein Product-Backlog-Eintrag für den nächsten Sprint besprochen, der notwendig ist, um das angestrebte Ziel zu erreichen. Das Team stellt fest, dass hierfür Expertenwissen im Backend notwendig ist, welches nur Claudia besitzt, die gerade im Urlaub ist. Das Team diskutiert über eine mögliche Lösung und kann ihren Product Owner Hanno damit beruhigen, dass sie sich Hilfe aus einem anderen Team holen können. Das Team findet diese Lösung gut und geht zum nächsten Item über.

Alexander, ein weiterer Entwickler im Team, ist noch nicht zufrieden und hebt die Skippy-Karte. Er bringt an, dass es sich bei dem Ansatz nur um eine Lösung für den aktuellen Fall handelt und das angedachte Back-up aus dem anderen Team möglicherweise zeitlich überfordert und de facto keine vollwertige Ersatzlösung wäre. Er befürchtet, dass es sehr anstrengend werden könnte, genügend Zeit zur Verfügung gestellt zu bekommen. Das wiederum könnte das Ziel des Sprints gefährden.

Das Team versteht die angebrachten Punkte und bespricht ein Vorgehen für die Zukunft. In der nächsten Sprint Retrospective will sich das Team die Zeit nehmen, um zu besprechen, wie das Wissen von Claudia möglichst zeitnah so im Team verteilt wird, dass eine ähnliche Situation in Zukunft auch innerhalb des Teams selbst bewältigt werden kann.

17 Make a Team Learning Sprint Your Learning Sprint

Lerne auch für dich, wenn ihr als Team lernt

Verortung in Scrum

Sprint Planning

Wertbeitrag

Wissen und Können aufbauen

Lernmoment

Dieses Team Topping ist dazu geeignet, um dich ganz bewusst mit den Lernchancen für dich selbst entlang eines Sprints zu beschäftigen und das meiste für deine Weiterentwicklung herauszuholen.
Betrachte die gemeinsame Arbeit auch als persönliche Lernreise, bei der das Scrum-Rahmenwerk den Takt vorgibt. Nutze für dieses Team Topping ebenso die anderen Team Toppings, um in allen Bereichen des Sprints nicht nur auf die Arbeit, sondern auch auf dein Lernen zu schauen.

Idee

In diesem Buch steht Lernen im Team im Mittelpunkt. Zu Recht. Denn wir lernen einiges durch den Austausch mit anderen und so von ihnen. So sind alle Team Toppings in dieser Sammlung dazu geeignet, in allen Bereichen des Sprints Lerngelegenheiten sichtbar zu machen und Tipps zu geben, wie man Scrum auch für das bewusstere, arbeitsnahe Lernen nutzen kann. Aber: Gelernt wird immer und auch individuell. Dieses Topping hebt die persönliche Ebene der Weiterentwicklung hervor und macht darauf aufmerksam, dass bei allen Lernaktivitäten im Team auch immer persönliche Lernchancen darauf warten, aktiv ergriffen zu werden. So holt jede Einzelne und jeder Einzelne noch mehr aus der Arbeit mit dem Team und dem gemeinsamen Lernen heraus. Gestartet werden kann beispielsweise damit, dass sich ein Teammitglied mutig für das Erlernen einer neue Fähigkeit meldet, die beim Sprint Planning für das Team als Voraussetzung identifiziert wurde. Diese Person wird dann ein „Skill Captain" für ein Thema: sie kann sich intensiv einarbeiten, das Gelernte zügig ausprobieren und so schnell sehr viel lernen. Denn: Die Investition in die persönliche Weiterentwicklung kommt dem Team zugute. Und umgekehrt.

So geht's

1. Vor oder während des Sprint Plannings nimmst du dir die Vorlage zur Hand. Habe natürlich auch die anderen Toppings parat.
2. Sobald die Arbeitsplanung beginnt, identifizierst du für dich die Lernchancen, die der Sprint für dich bereithält. Wichtig: Besprich diese Gelegenheiten mit dem Team.
3. Fülle anschließend das Template aus und reichere die Elemente des Scrum-Rahmenwerks mit weiteren Toppings an.
4. Führe parallel zur Arbeit im Sprint deinen Learning Sprint aus.

Booster

1. Definiere klare Ziele für das, was du lernen möchtest. Diese Ziele sollten spezifisch, messbar, erreichbar, relevant und zeitgebunden sein.
2. Finde die richtigen Ressourcen, um dein Lernen zu unterstützen. Dies können über das Projekt und dein Team hinaus die Klassiker wie Online-Kurse, Fachbücher oder Schulungen sein.
3. Schaffe eine Lernumgebung, die für das Lernen förderlich ist. Dies kann ein ruhiger Raum, eine spezielle Musik-Playlist oder ein besonderer Ort sein.
4. Nutze Pausen, um zu lernen. Dies kann das Lesen eines Artikels, das Ansehen eines kurzen Videos oder das Erarbeiten eines Online-Kurses während der Mittagspause sein.
5. Wende das Gelernte unmittelbar an, indem du das neu erworbene Wissen in die Projektarbeit integrierst, z. B. indem du beim nächsten Sprint Planning davon berichtest und ihr als Team gemeinsam überlegt, welchen Nutzen dein Lernzuwachs für alle haben könnte.
6. Verbinde dich mit anderen, um gemeinsam zu lernen und voneinander zu profitieren. Überlege, ob nicht Personen außerhalb des Teams hierbei neuen Schub geben können.
7. Sei neugierig und offen für neue Erfahrungen, um dein Wissen und deine Fähigkeiten zu erweitern. Sei bereit, neue Wege zu gehen und Herausforderungen anzunehmen, um das Lernen während der Arbeit zu verbessern.

Topping als Vorlage

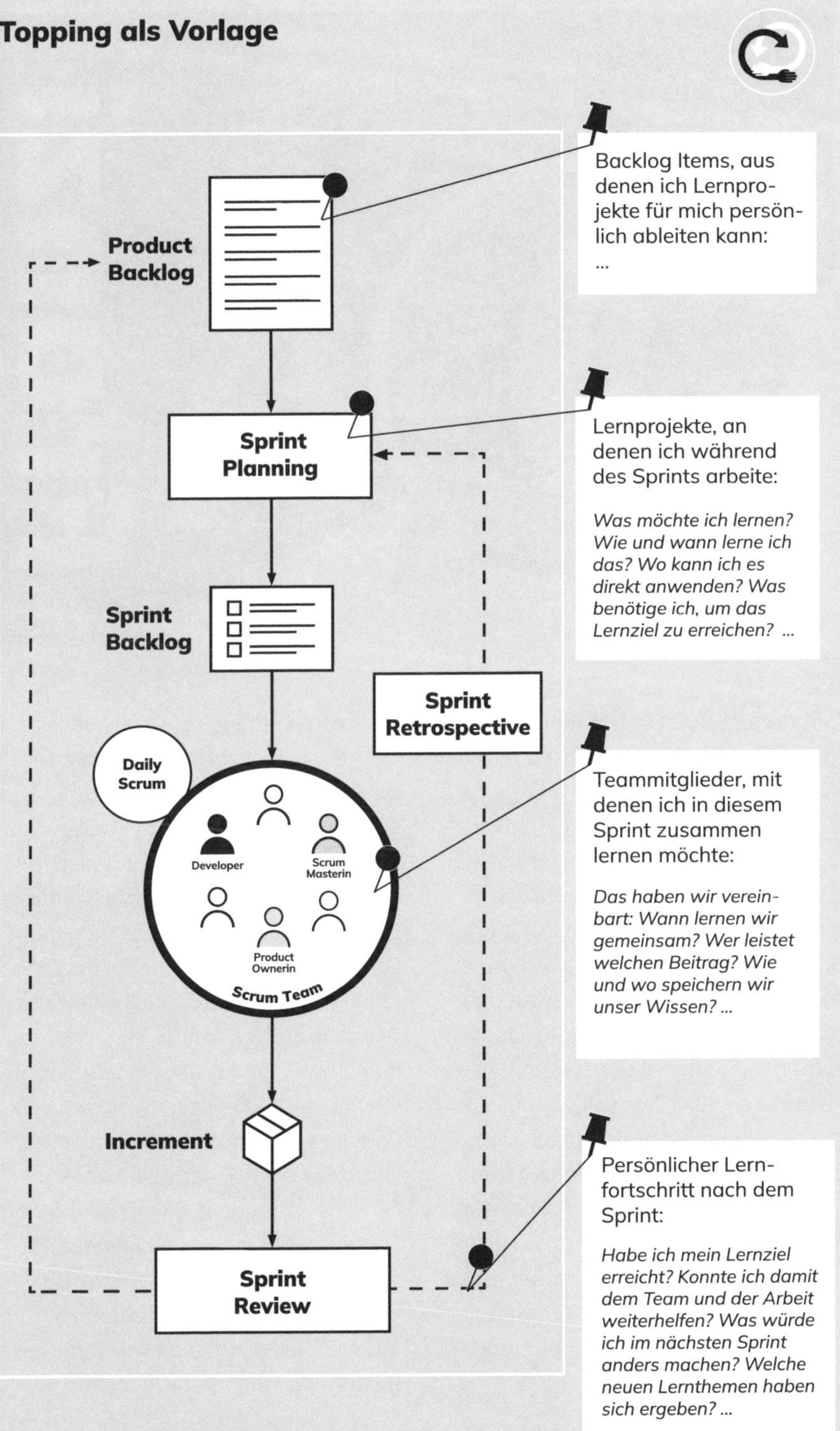

Mit diesem Buch bekommen Teams und jedes Teammitglied die Möglichkeit, anhand von knackig griffigen Methoden und Routinen, Lernen zu reflektieren und als einen natürlichen Bestandteil der Arbeit zu etablieren. Die Team Toppings sollen inspirieren, im Optimalfall Spaß machen und mit positiven Emotionen verbunden werden, damit eine stabile Gedankenbasis entsteht, auf der Lernen weiter wachsen kann. Dies soll aber alles nicht zum Selbstzweck geschehen, sondern hiermit ein ergiebiger Nährboden geschaffen werden. Die Grundlage, um mit- und voneinander zu lernen, damit Arbeit effektiver bewältigt wird und bessere Arbeitsergebnisse das natürliche Produkt einer modernen Lernkultur sind.

Die Team Toppings sind aus unserer Hands-on-Mentalität entstanden, basierend auf unseren Beobachtungen im Arbeitsalltag und im agilen Kontext. Dazu nutzten wir typische Situationen, in denen wir bei Teams beobachten konnten, dass man diese Szenarien als Lernmomente nutzen könnte, wenn man schnell einsetzbare und leichtgewichtige Methoden zur Hand hätte. In diesem Sinne wünsche ich mir, dass jede Leserin unser Werk vor allem als Inspiration wahrnimmt. Team Toppings liefern die benötigten Grundwerkzeuge in einem handlichen Format, um aus zwei meist getrennt voneinander gedachten Prozessen – Lernen und Arbeiten – einen zu machen. Jeder sollte dieses Tool-Sortiment nach eigenen Wünschen und

Anforderungen erweitern, um seine täglichen Herausforderungen immer besser zu bewältigen. Denn jeder kann in der Teamarbeit etwas selbst bewirken. Das sollte nicht nur auf spezifische Rollen, wie Scrum Master, Führungskräfte oder Projektleiterinnen abgewälzt werden.

Der ein oder andere mag sich fragen, ob die Bilder und Beschreibungen, die wir nutzen, nicht „zu wenig Business sind“. Nein, weil wir als Menschen dankbar Informationen in unserem Gehirn verankern, wenn sie mit Emotionen und Eindrücken verknüpft werden, wirken die luftigen Team Toppings unmittelbar im Kern des täglichen Tuns, der Arbeit an den Projektzielen. Bei Bedarf kann man die einzelnen Toppings auf deren Struktur herunterbrechen und sich nur auf die Kerngedanken stützen. Es müssen nicht immer die kompletten Toppings nach Anleitung in den Arbeitsprozess hineingepresst werden. Auch hier gilt: Effizienz schlägt Theorie! Gestaltet eure Lern-Arbeits-Welt so, wie sie am besten angenommen wird.

Ein praktisches Beispiel dafür ist die Entwicklung eigener Team Toppings, also die Frage: Was sind unsere konkreten Lernmomente, die wir noch besser nutzen wollen?

Dazu exemplarisch unser Vorgehen: Kick-off mit gemeinsamem Brainstorming bzgl. der „moments of need“, also Situationen im Arbeitsalltag, in denen Teams regelmäßig auf Herausforderungen stoßen. Daraufhin dann die Überlegung zu dem, was es braucht, damit das Team die Lernmomente erkennt und daran wachsen kann. Um euer Team Topping eingängig zu machen und mit Emotionen aufzuladen, lasst der Kreativität freien Lauf. So sind in unserem Szenario Bilder entstanden, wie der knuddelige und doch etwas fremdartige Strangy, leckere Cupcakes oder spannende Kriminalboards.

„Lernen in Arbeit zu integrieren ist der Grundgedanke der Team Toppings.“

Dieses Buch möchte keinen Anspruch auf Vollständigkeit erheben, denn jede Organisation ist anders, jedes Team hat eigene Herausforderungen und es gibt Routinen wie die Sprint Retro, für die schon zur Genüge Ideen zu finden sind. Doch haben wir die Vision, dass unsere Ideen agilen Teams den ein oder anderen bisher verborgenen Lernmoment sichtbar und nutzbar machen.

18 Time to learn goodbye

Bereite dich auf den Abschied vor

Verortung in Scrum

Allgemein

Wertbeitrag

Wissen & Können aufbauen

Lernmoment

Jedes Mitglied des Teams ist wertvoll. Er bzw. sie hat Energie in das gemeinsame Resultat investiert und über die Zeit Wissen und Können aufgebaut. Der Moment, in dem ein Mitglied, aus welchen Gründen auch immer, ausscheidet, ist ein Lernmoment, den das Team nicht verstreichen lassen sollte. Die Hintergründe des Verlassens spielen sicherlich gegen Ende auch eine Rolle. Lässt man diese Aspekte außen vor, denn sie können durchaus auch negativer Natur sein, dann schöpft das Team aus dieser Veränderung Energie und Zuversicht. Mit dem Topping „Time to learn goodbye“ gestaltet ihr als Team das gemeinsame Ende für ein Mitglied so erfolgreich, dass das (gemeinsam) aufgebaute Wissen und Können für alle erhalten bleibt. Für diejenigen, die bleiben; und diejenigen, die gehen.

Idee

Das Festhalten des Könnens und Wissens von Personen, auch wenn sie das Team verlassen, hat mehrere Vorteile. Durch das Dokumentieren und Festhalten des Wissens kann ein reibungsloser Wissenstransfer an andere Teammitglieder ermöglicht werden. Dadurch geht das Wissen nicht verloren, wenn jemand das Team verlässt, und das Team kann weiterhin davon profitieren.

Darüber hinaus gewährleistet das Festhalten des Könnens und Wissens Kontinuität und erleichtert die Planung weiterer Sprints. Wenn wichtige Teammitglieder gehen, kann das dokumentierte Wissen und Können den anderen dabei helfen, schneller in neue Rollen hineinzuwachsen und die Kontinuität der gemeinsamen Arbeit sicherzustellen.

Indem vergangene Erfahrungen und Fehler analysiert werden, so wie es die Grundidee der Sprint Retrospective ist, kann das Team daraus lernen und zukünftige Fehler vermeiden. Dieser Lernprozess kann auch nach dem Ausscheiden der betreffenden Personen fortgesetzt werden.

So geht's

Der Ablauf des Toppings gestaltet sich immer sehr ähnlich, unabhängig davon, ob es zu Beginn der Zusammenarbeit, regelmäßig während der Arbeit oder am Ende genutzt wird:

1. Die Person, um deren Wissen und Können es geht, stellt sich zwei simple Fragen in einer Selbstreflexion. Wichtig: Diese Reflexion benötigt Zeit und kann – in Team-Kontexten außerhalb von Scrum – auch durch den Team-Lead begleitet werden.
2. Auf Basis dieser Erkenntnisse beginnt eine Teamreflexion, die dieses Ergebnis aufgreift und in einem gemeinsamen Termin (ggf. auch in einem etwas länger andauernden regelmäßigen Prozess) reflektiert, wie dieses Wissen und Können im Team bleiben soll.
3. Vereinbart als Team, dass ihr in dieser Weise arbeiten und lernen wollt, damit der Ausstieg, wann immer er sein mag, reibungslos ablaufen kann.

Booster

Organisationen profitieren davon, wenn Mitarbeitende Wissen und Können sichtbar machen und es in adäquater Weise für alle zugänglich ist. Das „Speichern“ des kollektiven Wissens und Könnens sollte eine Selbstverständlichkeit sein.
Das Team Topping „Time to learn goodbye“ kannst du nicht erst dann nutzen, wenn Kolleginnen und Kollegen das Team verlassen, sondern schon weit vorher. So vermeidest du unnötige Stresssituationen oder gar das Verpassen dieser Chance, wenn es überraschend oder schnell zu Ende geht. Das Speichern und Teilen von Wissen und Können lebt davon, dass es umsichtig und vorausschauend gestaltet wird. Mach es also zu deiner und eurer Routine, Wissen und Können aller kontinuierlich allen zugänglich zu machen.

Topping als Vorlage

Selbstreflexion

Was kann ich?

Wie arbeite und lerne ich?

Teamreflexion

Wie eigne ich mir/eignen wir uns Wissen und Können während unserer Arbeit an?

Wie gebe ich mein Wissen und Können weiter?

Wie kann mein Team mein Wissen und Können speichern und nutzen?

19 Cupcake Topping

Das Topping macht Feedback erst besonders

Verortung in Scrum

Sprint Retrospective

Wertbeitrag

Reflexion anregen

Lernmoment

Kommen dir diese Rückmeldungen aus dem Arbeitsalltag bekannt vor? „Ich finde, es läuft super“ oder „Ich war irgendwie nicht so zufrieden mit dem Sprint“. Derartiges Feedback ist zwar meist ehrlich gemeint, aber für ein Team wenig hilfreich, das durch Sprint Retrospectiven besser werden will. Um als Gruppe hilfreiche Schlüsse zu ziehen, muss ein Lernprozess im Team angestoßen werden. Doch dazu benötigt das Team eine Rückmeldung, die aus verwertbaren Informationen besteht.

Idee

Um Feedback für ein Team schmackhaft zu machen, braucht es wie bei einem Cupcake ein reizvolles Topping. Und das erreichst du, wenn neben der puren Rückmeldung auch dein persönliches Learning als Kirsche obendrauf Input für das gemeinsame Arbeiten liefert. Damit gibt man der Gruppe die Chance, aus Situationen, Erfahrungen oder Empfindungen zu lernen und Impulse für die Zusammenarbeit abzuleiten.

Der nutzbare Lernmoment entsteht also, wenn der Cupcake aus drei Schichten besteht: deiner Beobachtung, deinem persönlichen Learning und dem Topping für das Team.

So geht's

Auf den Feedback-Karten der Sprint Retrospective ist ein Cupcake-Icon abgebildet. Wann immer es sinnvoll ist, erinnert das Icon die Teilnehmenden daran, zu ihrer eigenen Beobachtung noch das persönliche Learning daraus mitzugeben und sich mindestens ein Topping auszusuchen und zu beantworten. Das Topping ist eine zusätzliche teamrelevante Frage, die dir in eurem Kontext hilfreich erscheint. Hier ein paar Vorschläge:

- Wo ist uns das Thema schon einmal begegnet und was folgt für uns als Team daraus?
- Über welchen Aspekt sollten wir als Team sprechen?
- Was möchte ich dem Team noch mitgeben?
- Was könnte das Thema für uns als Team bedeuten?
- Was lernen wir als Team daraus und was müssen wir tun?

Topping als Vorlage

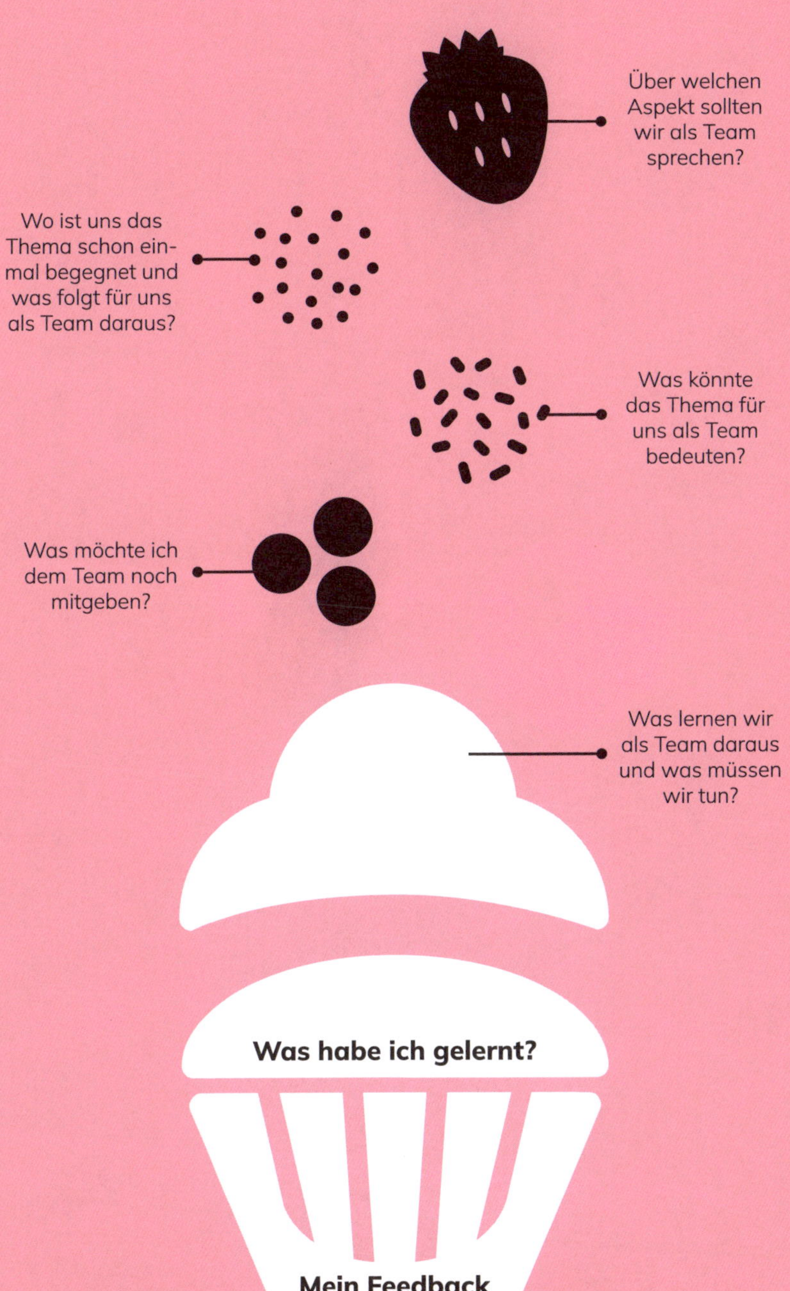

20 Blick in den Spiegel

Es beginnt mir dir!

Verortung in Scrum

Allgemein

Wertbeitrag

Reflexion anregen

Lernmoment

Bist du nicht zufrieden, wie du in einer Situation reagiert hast? Du hattest verschiedene Möglichkeiten zu reagieren, bist dir aber nicht sicher, ob du dich für die beste davon entschieden hast? Oder eine Sache ist überraschend gut gelaufen und du möchtest genauer verstehen, warum das so war?

Im Alltag begegnen uns unterschiedliche Situationen und Herausforderungen, die manchmal noch einige Zeit in uns nachwirken. Daraus können wir viel lernen und so für die Zukunft besser gewappnet sein. Nur leider nehmen wir uns oft nicht die Zeit, das zu tun, was dazu notwendig wäre: bewusstes Reflektieren.

Idee

Oft fällt es schwer, in besagten Momenten das richtige Werkzeug zur Hand zu haben. Manchmal fehlt auch einfach die Routine. Aus diesem Grund haben wir eine Vorlage für dich, mit der du Reflexion zu deiner Gewohnheit machen kannst.

So geht's

1. Versuche Folgendes: Immer, wenn eine besondere Situation passiert ist, nimm dir die abgebildete Vorlage zur Hand und beantworte die Fragen darauf.

2. Wichtig ist, dass du dir genügend Zeit nimmst und du dich wirklich mit dem auseinandersetzt, was passiert ist und was du daraus lernen kannst:
   a. Was genau ist vorgefallen, was du reflektieren möchtest?
   b. Wie hast du darauf reagiert? Was hat dich so reagieren lassen?
   c. Inwiefern hat sich dadurch die Situation verändert? Wie haben die Beteiligten reagiert?
   d. Wie zufrieden bist du damit?
   e. Was kannst du nächstes Mal besser machen?

Reflexion im Team gewünscht? Auf der übernächsten Seite haben wir für dich eine weitere Vorlage, die du mit deinem gesamten Team nutzen kannst. Diese Variante ist bewusst etwas anders aufgebaut als die erste Vorlage, damit du einen Eindruck bekommst, dass es mehrere Möglichkeiten und Detailgrade für eine solche Reflexion gibt.

Booster

- Nicht jedes Mal passen alle Fragen gleich gut zur Situation. Experimentiere mit verschiedenen Fragen in verschiedenen Situationen und entwickle im Laufe der Zeit damit deinen eigenen Reflexionsbogen.
- Tausche dich über deine Reflexionen mit den anderen Teammitgliedern aus. Das kann sehr wertvolle und manchmal vielleicht auch überraschende Erkenntnisse liefern!
- Schau dir deinen Fortschritt an. Es ist wichtig, dass du auch darüber reflektierst, was sich für dich im Laufe der Zeit verbessert hat und wie du dadurch anders mit Situationen umgehst. Du wirst sehen: Es lohnt sich!
- Ihr könnt die Bögen auch in der Sprint Retrospective als Aufhänger nehmen, um noch mal tiefer in ein Thema einzusteigen, welches das ganze Team betrifft.

Topping als Vorlage

Als Erstes findest du hier die Vorlage, die du individuell für dich nutzen kannst.

Selbstreflexion

Aus Situationen lernen

Wo hat die Situation stattgefunden?	Wann war das?
Wer war beteiligt?	
Was genau ist vorgefallen, das ich reflektieren möchte?	
Wie habe ich darauf reagiert? Was hat mich so reagieren lassen?	Inwiefern hat sich dadurch die Situation verändert? Wie haben die Beteiligten reagiert?
Wie zufrieden bin ich damit? 0 ………… 10	
Was kann ich nächstes Mal besser machen?	

Topping als Vorlage

Hier findest du die Vorlage, die du für ein Team nutzen kannst.

Teamreflexion
Aus Situationen lernen

Welches Event?
Daily Scrum, Sprint Planning, Sprint Review, Sprint Retrospective, Sonstiges

Zu welchem Zeitpunkt?

Wer war beteiligt?

Was genau ist vorgefallen, das wir reflektieren möchten?

Warum bewegt uns das jetzt noch?
Was hat das für Auswirkungen?

Was können wir konkret mit diesen Erkenntnissen machen?

Beispiel
Selbstreflexion

Wo hat die Situation stattgefunden? Daily Scrum

Wann war das? Am 07.11.2023

Wer war beteiligt? Peter, Liu, Simone, Achmed, Alexandra (Product Ownerin), Claudia (Scrum Masterin).

Was genau ist vorgefallen, das ich reflektieren möchten?
Wir hatten heute die Situation, dass über einen Stakeholder direkt an die Developer gerichtete Aufgaben herangetragen wurden, die sofort umgesetzt werden sollten. Die daraus entstandenen Sprint-Backlog-Einträge wurden im Daily Scrum von allen Anwesenden inklusive unserer Product Ownerin abgenickt, obwohl dadurch jetzt die Arbeit am Sprint-Ziel pausiert wird. Ich bin sehr unzufrieden damit, weil ich stark vermute, dass dadurch unser Sprint-Ziel gefährdet wird und wir den Fokus darauf verlieren.

Wie habe ich darauf reagiert? Was hat mich so reagieren lassen? Ich habe heute nicht reagiert, weil ich dachte, dass Alexandra, unsere Product Ownerin, etwas sagt. Dem war aber nicht so. Danach habe ich irgendwie den richtigen Zeitpunkt verpasst, und das Daily Scrum war vorüber.

Inwiefern hat sich dadurch die Situation verändert? Wie haben die Beteiligten reagiert?
Die entsprechenden Sprint-Backlog-Einträge sind jetzt „in progress“, und es wird daran gearbeitet. Ein aktueller Eintrag, der für das Sprint-Ziel relevant ist, wartet jetzt darauf, weiter bearbeitet zu werden und steht auf „on hold“.

Wie zufrieden bin ich damit?

Was kann ich nächstes Mal besser machen?
- Ich möchte morgen im Daily Scrum dazu etwas sagen. Mir ist wichtig, dass sich das Team bewusst ist, was es für Auswirkungen hat, wenn ein Sprint-Backlog-Eintrag für das Sprint-Ziel hintangestellt wird.
- Zudem möchte ich das Thema in die Sprint Retrospective mitnehmen und dort noch mal über Sprint-Ziel und Fokus sprechen.
- Auch die Reaktion von Alexandra als Product Ownerin möchte ich besser verstehen. Ich werde morgen mal mit ihr darüber sprechen.

0
5
1
4
3
2

21
Eigene Annahmen hinterfragen
Deine Erwartungen können alles verändern

Verortung in Scrum

Sprint Planning

Wertbeitrag

Reflexion anregen

Lernmoment

Jeder von uns ist so wie er ist. Das ist erstmal gut so. Wir werden in unserem alltäglichen Handeln von vielen, auch häufig unbewussten Gedanken begleitet; dazu gehören auch bestimmte Erwartungen an das Verhalten anderer und unser eigenes. Wir handeln also aus bestimmten Annahmen heraus. Hast du dir darüber jemals Gedanken gemacht?

In deiner Arbeit, zum Beispiel als Scrum Master oder Developer im Team, hast du schon längst dir nicht mehr bewusste Verhaltensweisen ausgeprägt, die vielleicht auf Basis ungenauer oder gar falscher Annahmen entstanden sind. Darunter kann die Arbeit leiden, und ihr erreicht eure Ziele nicht. Es kann sich also lohnen, regelmäßig zur Planung von Sprints oder während der Sprint Retrospectives eine ganz persönliche Reflexion durchzuführen, bei der es explizit um die meist nur schwer zugänglichen Ebenen des eigenen Denkens und Handelns geht: unsere Vorstellungen, Annahmen oder gar Vorurteile.

Idee

Dein Handeln wird wesentlich von individuellen Dispositionen bestimmt, d. h. du hast im Verlaufe deines Lebens und insbesondere durch Erfahrungen in deiner Arbeit bestimmte Verhaltensweisen ausgeprägt. Erst mal ist das nichts Negatives, es ist schlicht so. Weil du ein Mensch bist.
Vielen sind ihre Eigenarten oder auch Denkmuster zu wenig bekannt. Warum sollte man sich auch mit sich selbst in dieser Weise beschäftigen? Zumal beim Arbeiten das Team und das Erreichen der Sprint-Ziele im Vordergrund stehen?

Aus guten Gründen. Denn immer wieder kommt es vor, dass du bei der Planung eines Sprints, dem Abschluss oder schlicht in schwierigen Situationen nicht optimal reagierst. Du erwartest von anderen ein bestimmtes Verhalten, schätzt aufgrund deiner persönlichen Erfahrungen die Lage nicht richtig ein oder meinst, eine Situation und die Reaktion des Teams antizipieren zu können. So lässt du dich nicht mehr auf die konkrete Herausforderung ein und handelst eher nach Annahmen. Sich diese Annahmen bewusst zu machen und vielleicht einige von ihnen absichtlich nicht mehr zur Grundlage von Entscheidungen für dich, das Team und die Arbeit am Increment zu machen, lohnt sich daher. Mithilfe einer Anpassung deines Verhaltens auf Basis realistischer Annahmen wird die Performance des Teams sicherlich genauso verbessert werden wie die

Kommunikation und das Zusammengehörigkeitsgefühl.

So geht's

1. Setze dich intensiv mit deinen Überzeugungen und Annahmen auseinander, mit denen du auf das Team und seine Fähigkeiten und Einstellungen blickst.
2. Begründe, warum bestimmte Ereignisse so eintreffen werden, und formuliere zwei bis drei Treiber der erwarteten Entwicklung.
3. Reflektiere zum Sprint-Ende, in welchem Maße sich deine Vorhersage und deine Treiber als korrekt erwiesen haben. Evaluiere deine Vorhersage (0 – falsch bis max. 5 – wahr).
4. Korrigiere deine Vorhersage.

Wie erkenne ich meine eigenen Annahmen?

Es kann schwierig sein, eigene Denkmuster und Vorurteile zu erkennen, da sie oft tief in unserem Unterbewusstsein verankert sind. Das Unterbewusstsein ist ein Teil unseres Geistes, der außerhalb unseres bewussten Wahrnehmungsbereichs liegt, aber stark unser Denken, Fühlen und Handeln beeinflusst. Darüber hinaus speichert das Unterbewusstsein auch Erfahrungen, Emotionen und Gedanken, die wir bewusst vergessen oder verdrängt haben. Diese Erfahrungen können unser Verhalten, unsere Entscheidungen und unsere Einstellungen beeinflussen, ohne dass wir dies wahrnehmen.

Das Unterbewusstsein spielt eine wichtige Rolle bei der Verarbeitung von Informationen und bei der Steuerung unseres Verhaltens. Es hilft uns, schnelle Entscheidungen zu treffen. Es kann aber auch dazu führen, dass wir uns unbewusst von Vorurteilen oder Ängsten leiten lassen.

Es ist wichtig zu verstehen, dass das Unterbewusstsein nicht immer rational oder logisch ist, da es auf unseren Erfahrungen, Emotionen und Prägungen basiert. Es kann jedoch durch Achtsamkeit, Selbstreflexion und gezieltes Training beeinflusst und verändert werden, um positive Verhaltensweisen und Einstellungen zu fördern.

1. **Selbstreflexion:**
   Nimm dir Zeit, um über deine Gedanken und Meinungen nachzudenken. Frage dich selbst, warum du bestimmte Dinge denkst und ob es möglicherweise Vorurteile sind, die deine Sichtweise beeinflussen.

2. Bewusstsein:

Sei dir bewusst, welche Vorurteile in deiner Arbeitsumgebung (im engeren und weiteren Sinne) verbreitet sind und wie sie sich in deinem Denken widerspiegeln könnten. Es kann hilfreich sein, sich über verschiedene Kulturen und Perspektiven zu informieren.

3. Offenheit:

Sei offen für Feedback von anderen und höre aufmerksam zu, wenn dir jemand sagt, dass du ein bestimmtes Vorurteil hast. Versuche, dich in andere Menschen hineinzuversetzen und ihre Perspektiven zu verstehen.

4. Informationen:

Informiere dich über die Hintergründe der anderen Teammitglieder, des Projekts usw.

5. Achtsamkeit:

Achte auf deine Gedanken und versuche, negative oder stereotype Gedanken zu erkennen und zu hinterfragen.

Mithilfe dieser Schritte kannst du dein Bewusstsein über deine Denkmuster und Vorurteile schärfen und daran arbeiten, sie zu überwinden.
Es erfordert allerdings ein gewisses Maß an Bereitschaft, sich offen mit den eigenen Vorurteilen auseinanderzusetzen.

Topping als Vorlage

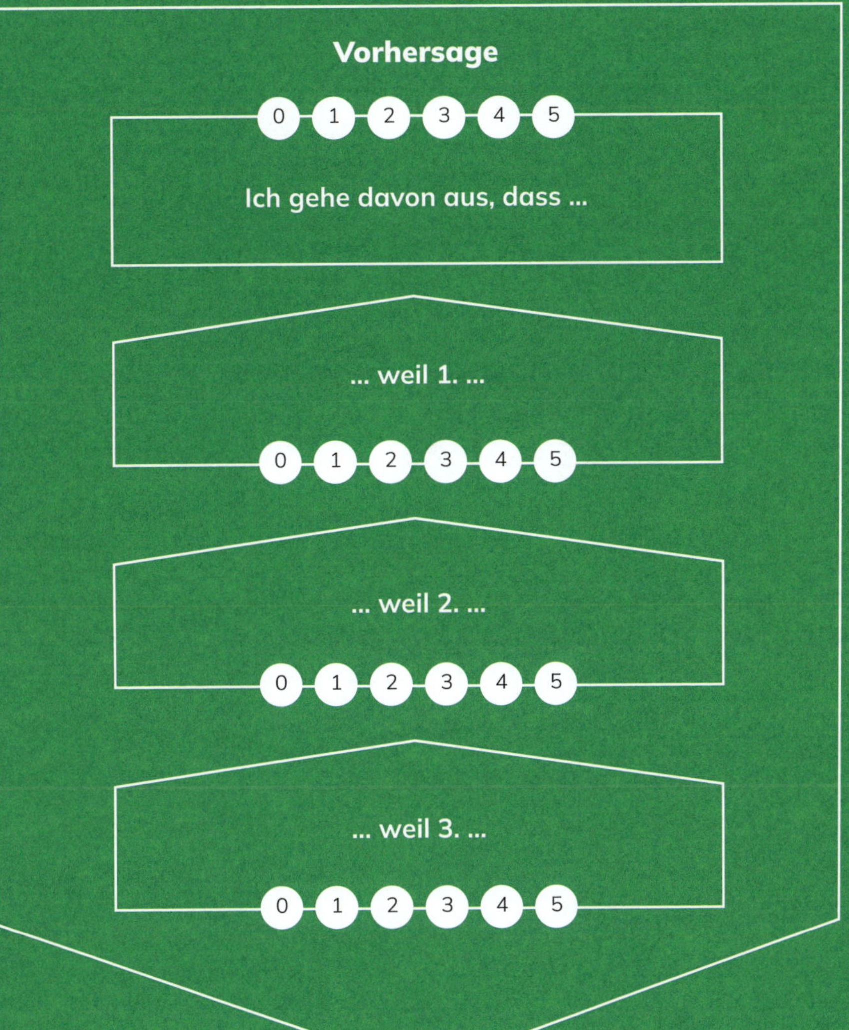

Korrektur

Ich sollte meine Vorstellungen dahin gehend ändern, dass ...

Teamarbeit ist wohl für die meisten von uns die normalste Sache der Welt. Kaum jemand von uns arbeitet gänzlich allein. Wir sind es gewohnt, in einer Gruppe zu arbeiten. Sind wir deswegen gute Teamplayer?
Ist deswegen unser Arbeit erfolgreicher? Arbeiten wir allein besser und effizienter?

Würde man diese Fragen Mitarbeiterinnen und Mitarbeitern in Unternehmen stellen, kämen vermutlich mehrheitlich positive, sozial erwünschte Antworten heraus. Gespickt wären die Rückmeldungen vielleicht hier und da mit verhaltener Kritik und negativen Erfahrungen, z. B. beim Umgang der Führungskraft mit dem Team oder Mobbing von Kolleginnen und Kollegen. Ich jedenfalls kann diese Fragen nicht klar beantworten, denn ich habe verschiedene Erfahrungen mit der Arbeit im Team in den vergangenen Jahren gesammelt.

Ich wurde mit meinem beruflichen Hintergrund als Gymnasiallehrer definitiv nicht als Teamplayer sozialisiert. Im Gegenteil: Lehrerinnen und Lehrer sind weiter weithin Einzelkämpfer. Das hat sich bis heute nicht grundlegend geändert. Man absolviert Studium und Referendariat mehr oder weniger allein und steht dann mit großer Verantwortung für verschiedene Lerngruppen vor den Klassen, um den Unterricht zu halten. Zwar gibt es sporadisch Dienstberatungen und Fachkonferenzen, über das Jahr hinweg allerdings arbeitet man als Lehrer typischerweise allein an der Vorbereitung und Durchführung des eigenen Unterrichts. Auch die Benotung unterliegt der persönlichen Verantwortung. Bei der Arbeit als Lehrer hat man trotz curricularer, rechtlicher und organisatorischer Rahmenbedingungen ein hohes Maß an persönlicher pädagogischer Freiheit.

An den Schulen als auch an der Universität, wo ich in den letzten Jahren gearbeitet habe, hat sich das Arbeiten im Team und damit so eine Art Team-Spirit kaum entwickelt. Das mag mitunter an mir liegen, da ich meine Arbeit in der Schule immer so effizient wie möglich erledigen wollte und zu selten mit anderen socialize. Das Miteinander im Lehrerzimmer kann natürlich dazu führen, dass sich ein Kollegium als Team versteht. Man plant am Anfang und Ende eines Schuljahres gemeinsame Ausflüge, hört sich auch einmal den Frust der anderen nach einer schwierigen Stunde an oder teilt Materialien und Klausuren. Ich aber habe Schule als innovationsarmen Ort kennengelernt, deswegen sind diese Ansätze noch meilenweit von echter Kollaboration entfernt.

„In der Schule spielt Teamarbeit leider immer noch eine untergeordnete Rolle.

Erst in den vergangenen fünf Jahren durch die Arbeit mit der Lernhacks-Crew habe ich den Wert echter Kollaboration und die Kraft des Blickens in die gemeinsame Richtung und das Verfolgen gemeinsamer Ziele nicht nur verstanden, sondern verinnerlicht. Zwar nutze ich auch die Gelegenheit, intensiv allein an Aufgaben zu arbeiten, weil mir dann der Ort und die Zeit nachrangig erscheinen und ich teilweise zu nächtlicher Stunde oder beim Sport auch zu kreativen Ergebnissen komme. Dennoch könnte ich die Arbeit, die wir mit Lernhacks realisieren, niemals allein bewältigen. Ich bin also sehr dankbar für die Erfahrungen, die ich in den letzten Jahren sammeln konnte.

„Mit der Lernhacks-Crew habe ich den Wert echter Kollaboration zu schätzen gelernt.“

Ich habe durchaus versucht, Strukturen und Methoden der agilen Zusammenarbeit in der Schule einzuführen. Dies gelingt bei Schülerinnen und Schülern geradewegs zufriedenstellend. Das liegt daran, dass ich als Lehrer sowohl die Verantwortung als auch natürlich die Richtung vorgebe. Die Veränderung meiner Rolle vom klassischen Lehrer, in der ich mich nie gesehen habe (in der Rolle), zu einem aktiven Lerncoach, der die Lernenden auf ihren individuellen Lernwegen unterstützt und begleitet, gehe ich zwar konsequent. Ich merke aber, dass auch meine Schülerinnen und Schüler kaum in der Lage sind zusammenzuarbeiten. Mein Verständnis von Kollaboration, bei der man arbeitsteilig und kreativ in weiten Teilen zusammen an neuen Lösungen arbeitet, hat zum Beispiel nichts mit der Sozialform Gruppenarbeit zu tun, die in der Schule weit verbreitet und auch in jedem Pädagogik- und Didaktikhandbuch als sichere Handlungsempfehlung zu finden ist.

Mit Kolleginnen und Kollegen ist es ungleich schwerer, zu neuen Formen der Zusammenarbeit zu kommen, zum Beispiel indem man gemeinsam unterrichtet und sich die Vorbereitung von Unterricht aufteilt. Die Gründe dafür sind vielfältig. Ich habe relativ schnell gelernt, dass Transparenz über die eigene Arbeit auch zu negativen Konsequenzen führen kann, wenn andere Kolleginnen und Kollegen die eigene Arbeit nicht mit offenem Feedback verbessern wollen, sondern das aus ihrer Sicht vermeintlich Defizitäre lieber an höhere Stellen melden.

Kurzum: Agiles Arbeiten im Team hängt nicht nur von der Bereitschaft und Motivation aller Beteiligten ab, sich als Team zu verstehen und auch als dieses Prozesse der Zusammenarbeit einzuführen und iterativ an ihrer Verbesserung zu arbeiten. Es braucht zudem eine offene und belastbare Organisationskultur, die den Rahmen dafür vorgibt, dass Transparenz, Wertschätzung für die Beiträge und Stärken der anderen, konstruktives Feedback, Fehlertoleranz, für alle verbindliche Ziele und gemeinsam getragene Herausforderungen gelebt werden. Diese Kultur bietet den Raum, damit sich Einzelne öffnen und alle zu einem Team zusammenwachsen, welches mehr ist als nur eine für die Arbeit zusammengestellte Gruppe aus Individualisten.

All das braucht Zeit, Durchhaltevermögen und immer wieder frische Ideen, mit denen man das gemeinsame Arbeiten im Team, möglichst niedrigschwellig, antriggert und so erste erfolgreiche Schritte der Zusammenarbeit geht, diese reflektiert und auf dieser Basis weiter daran arbeitet, als Team stärker zu kollaborieren.

Und genau deswegen bin ich stolz auf diese Lernhacks für agiles Arbeiten im Team. Denn genau hier setzen sie an.

”Konstruktives Feedback ist gelebte Teamarbeit und lässt alle noch stärker zusammen wachsen.“

Beyond Scrum

Team Toppings zeigen auf, wie Teams, die agil oder nach Scrum arbeiten, in jedem Element und bei vielen Herausforderungen Lernmomente identifizieren und nutzen können. Mithilfe der Routinen, Tipps und Tricks aus diesem Buch können Teams und alle Mitglieder davon profitieren, sich während der eigentlichen Arbeit – quasi ganz nebenbei – weiterzuentwickeln und das Lernen aktiv in den Alltag einzubauen.

Das ist der Weg, den Scrum Teams *jetzt schon* gehen können.

Das ist der Weg, den *alle* Teams (irgendwann) gehen werden.

Die Bedingungen, unter denen Teams heute bereits arbeiten und morgen arbeiten werden, ändern sich rapide.[15] Mit der Beschleunigung des technologischen Fortschritts und damit auch den stetig wachsenden Anforderungen an geleistete Arbeit wird offensichtlich, dass lebenslanges, kontinuierliches, in die Arbeit integriertes Lernen kein nice-to-have-Feature der neuen, agilen Arbeitswelt ist, sondern schlicht eine Notwendigkeit darstellt, um individuell arbeitsfähig und als Team bzw. Organisation wettbewerbsfähig zu bleiben. Die Fähigkeit des Einzelnen und von Teams zu lernen wird ebenso zum Schlüsselfaktor wie die lernförderliche Gestaltung der Arbeitsumgebung, der Prozesse und Strukturen. Die jüngsten Entwicklungen rund um Künstliche Intelligenz und maschinelles Lernen, die im Jahr 2023 so richtig an Fahrt aufgenommen haben und ins Bewusstsein der breiten Öffentlichkeit katapultiert wurden, wirken auf diese Veränderung noch einmal wie ein Katalysator.

Mit Team Toppings möchten wir Teil der Debatte um die Entwicklung des Lernens „in the flow of work“ sein und konkrete Tools vorschlagen, um als Team ganz konkret und niedrigschwellig gemeinsames Lernen in den Arbeitsalltag zu integrieren.

Scrum ist dabei nur der Anfang. Das Rahmenwerk bietet die ideale Basis, um agil, ergebnisorientiert und effizient im Team zu arbeiten. Mit den Team Toppings haben wir aufgezeigt, wie naheliegend und einfach es sein kann, innerhalb dieser Arbeitsweise auch gemeinsam mit- und voneinander zu lernen.

Doch wir gehen über Scrum hinaus: Team Toppings sind so konzipiert worden, dass sie in allen Teams eingesetzt werden können. Und genau dazu möchten wir dich am Ende dieses Buches einladen: ob du

- in einem agilen oder klassisch organisierten Team arbeitest,
- verantwortlich bist als Team Lead oder nicht,
- im Team neu bist oder ihr schon Jahre zusammen arbeitet,
- zu einem Team von fünf oder 25 gehörst,
- mit deinem Team Software entwickelst, Marketing gestaltest, die Sanierung öffentlicher Einrichtungen planst oder im Controlling arbeitest,
- in einer in die Zukunft denkenden oder eher am Heute orientierten Gruppe unterwegs bist,

mit Team Toppings kannst du jederzeit, überall und in nahezu jeder Situation mit dem Team oder allein Lernen planen, umsetzen und reflektieren.

Worauf wartest du noch?

Wir laden dich ein, die in diesem Buch vorgestellten Team Toppings für deinen individuellen Projektzusammenhang, d. h. deine Rahmenbedingungen und Prozesse, zu nutzen und anzupassen.

Dank

Ein Autorenteam allein würde nie ein solches Buch hervorbringen. Am Gelingen dieses Vorhabens haben viele mitgewirkt, und unser Dank gebührt besonders:

Eva Afifah und Paula Pomer, die mit Ihren Gestaltungsideen und dem Design viel mehr als ein ansprechendes Äußeres zum Buch beigetragen haben

Dennis Brunotte, der als Lektor mit seinen Ideen und seiner Geduld wesentlich dazu beigetragen hat, dass die Idee zum Buch Wirklichkeit wurde

Sjoerd Nijland, der seine Perspektive zum Lernpotenzial von Scrum beigetragen hat und auf dessen Ideen einzelne Team Toppings fußen

Heike Greiner für die Korrektur

Oleksandra Tishchenko für die Autorenphotos

unseren Kolleginnen und Kollegen bei MaibornWolff und Lernhacks für Ihre Ideen und Anregungen

Florian Schleuter, der Topping für Topping gegengelesen und aus Entwickler-Sicht gechallengt hat

Volker Maiborn, der sofort an die Idee geglaubt hat, Lernen direkt in den Projekten zu den Teams zu bringen

Holger Wolff, durch den die gestalterische Umsetzung erst möglich wurde

Endnoten

1. European Union (2021): European Working Conditions Surveys (EWCS), [online] (https://www.eurofound.europa.eu), [4.11.2023]

2. Werkmann-Karcher (2023): Teamarbeit, Teamleistung und Teamentwicklung, Springer Nature, [online] (https://link.springer.com/book/10.1007/978-3-662-65308-1), [4.11.2023]

3. Vgl. u.a. Stepstone (2019): „Erfolgsgeheimnis Team", [online] https://www.stepstone.de/Ueber-StepStone/wp-content/uploads/2019/03/StepStone_Erfolgsgeheimnis-Team.pdf; [4.11.2023]

4. Schmitz, Anja/ Foelsing, Jan (2021): New Work braucht New Learning. Eine Perspektivreise durch die Transformation unserer Organisations- und Lernwelten, Springer.

5. Graf, Nele (2022): Agiles Lernen. Neue Rollen, Kompetenzen und Methoden im Unternehmenskontext, Haufe.

6. Hart, Jane (2018): Modern Workplace Learning Survey, [online] https://www.readkong.com/page/introduction-to-modern-workplace-learning-in-2018-4288305, [2.11.2023] Kritische Reflexion zu der Untersuchung von Jane Hart u.a. hier: https://www.linkedin.com/pulse/how-do-learners-prefer-learn-we-asked-answers-surprised-art-mirrow/, [online] Juni 2020, [4.11.2023]

7. Parker, Sharon K./Fisher, Gwenith G. (2022): How Well-Designed Work Makes Us Smarter, [online] https://sloanreview.mit.edu/article/how-well-designed-work-makes-us-smarter/, [4.11.2023]

8. Schönfeld, Jan/ Tillmann, Thomas (2021): Lernhacks. Mit einfachen Routinen Schritt für Schritt zur agilen Lernkultur, Vahlen.

9. Schwaber, Ken/ Sutherland, Jeff (2020): Der Scrum Guide, [online] (https://scrumguides.org/docs/scrumguide/v2020/2020-Scrum-Guide-German.pdf), Seite 3 [4.11.2023]

10. Ebd., Seite 1.

11. Ebd., Seite 4.

12. Vgl. Eduscrum Organization: https://eduscrum.org/eduscrum-deutschsprachig/, [4.11.2023]

13. Scrum Guide (2020), Seite 9

14. Nijland, Sjoerd (2022): The Scrum Master Playbook, [online] https://start.xebia.academy/scrum-master-playbook/, [3.11.2023]

15. Vgl. Pearson Report (2019): Merging work & learning to develop the human skills that matter, Pearson. [online] (https://www.pearson.com/content/dam/one-dot-com/one-dot-com/global/Files/about-pearson/innovation/open-ideas/DDE_Executive_summary.pdf), [4.11.2023]